U0288200

住房城乡建设部土建类学科专业『十三五』规划教材

# 居住区规划设计

（建筑与规划类专业适用）

本教材编审委员会组织编写

朱倩怡　主编

石　倩　副主编

季　翔　主审

中国建筑工业出版社

图书在版编目（CIP）数据

居住区规划设计／朱倩怡主编．—北京：中国建筑工业出版社，2019.5（2024.6重印）
住房城乡建设部土建类学科专业"十三五"规划教材．建筑与规划类
专业适用
ISBN 978-7-112-23625-1

Ⅰ．①居…　Ⅱ．①朱…　Ⅲ．①居住区－城市规划－设计－高等学
校－教材　Ⅳ．① TU984.12

中国版本图书馆CIP数据核字（2019）第072636号

本书系住房城乡建设部土建类学科专业"十三五"规划教材。全书以居住区规划设计实际工作的全过程为主线，注重工作中必须掌握的国家标准、规范，以及必要的设计方法和步骤等教学内容。本书对应最新实施的《城市居住区规划设计标准》GB 50180—2018，按照居住区规划设计工作的具体内容和步骤，分模块、分单元进行教学训练，同时关注未来居住区设计趋势。全书内容简明易懂、图文并茂，可作为高等职业院校建筑设计、园林设计、城乡规划以及相关专业教材，亦可作为相近专业从业人员参考书籍。

为更好地支持本课程的教学，我们向使用本书的教师免费提供教学课件，有需要者请与出版社联系，邮箱：jckj@cabp.com.cn，电话：（010）58337285，建工书院：https://edu.cabplink.com（PC端）。

责任编辑：杨　虹　牟琳琳
责任校对：王　瑞

住房城乡建设部土建类学科专业"十三五"规划教材
**居住区规划设计**
（建筑与规划类专业适用）
本教材编审委员会组织编写
朱倩怡　主　编
石　倩　副主编
季　翔　主　审
*
**中国建筑工业出版社**出版、发行（北京海淀三里河路9号）
各地新华书店、建筑书店经销
北京雅盈中佳图文设计公司制版
北京云浩印刷有限责任公司印刷
*
开本：787毫米×1092毫米　1/16　印张：13　字数：276千字
2019年6月第一版　2024年6月第六次印刷
定价：38.00元（赠教师课件）
ISBN 978-7-112-23625-1
（33917）

# 编审委员会名单

**主　任**：季　翔

**副主任**：朱向军　周兴元

**委　员**（按姓氏笔画为序）：

王　伟　甘翔云　冯美宇　吕文明　朱迎迎

任雁飞　刘艳芳　刘超英　李　进　李　宏

李君宏　李晓琳　杨青山　吴国雄　陈卫华

周培元　赵建民　钟　建　徐哲民　高　卿

黄立营　黄春波　鲁　毅　解万玉

# 前　言

我国城市化进程推动了房地产产业的蓬勃发展，在过去近20年的时间里，居住区建设经历了前所未有的高潮，一方面在量的积累上达到了一个新高度；另一方面在居住建筑的多样性上做出了许多探索。随着国民生活水平的提高，居住区开发面临的主要问题已经从以前的主要满足刚需量的需求转变为如何提高居住区质量。最新的《城市居住区规划设计标准》GB 50180—2018于2018年12月1日起正式实施，若干基本概念的界定发生了变化，更加体现了以人为本的理念，引导从业人员打造出更加高质量的、可持续发展的城市居住区。随着新理念、新技术、新形式的出现和渐渐成熟，居住区规划设计工作也应该与时俱进，学习新的规范标准，了解新的前沿理念，在新时期里做更符合时代需求的规划设计工作。

由于正处于新旧交替之际，最新的《城市居住区规划设计标准》GB 50180—2018开始实施不久，其他相关规范还在进一步修订之中；各类关于居住区规划设计的教材也大都对应之前的概念体系；能够作为案例参照的已建成城市居住区也是遵循旧规范设计的，这些因素让高职学生在基础概念的认知以及实际案例的参考上都存在一定困难。此问题编者在教学和教材编写过程中都深有体会。

为了适应新时期城市居住区规划设计的工作要求，根据高职学生的人才培养目标，此教材编写时体现了以下几个特点：

（1）以提高学生的实际工作能力为原则，按照规划设计工作的具体内容和程序，进行教学板块和单元的划分；

（2）关注未来居住区规划设计工作的趋势，增加旧居住区更新发展和养老社区两个专题设计单元；

（3）教材所涉及的所有规范和标准均以截稿时最新实施的版本为指导进行编写。

本教材由朱倩怡主编，石倩任副主编，马捷、汪子茗参与编写。全书内容分为三个教学模块，共计10个教学单元，1个课程设计，编写分工如下：前言、第1、2、3、9、10单元由重庆建筑工程职业学院朱倩怡编写；第5、6、8单元由重庆建筑工程职业学院石倩编写；第4单元由重庆房地产职业学院马捷编写；第7单元由重庆大学汪子茗编写。全书由朱倩怡统稿，江苏建筑职业技术学院季翔教授主审。

# 目　录

## 模块一　居住区规划设计基础理论

## 模块二　居住区规划专项设计

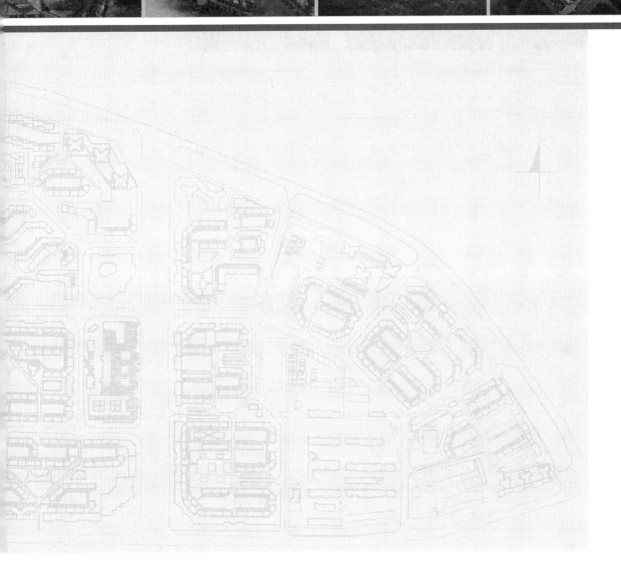

模块一 居住区规划设计

居住区
规划设计基础理论

居住区规划设计

# 1

## 第 1 单元　绪论

# 单元简介

本单元主要就居住区规划的相关知识做概要介绍，内容包括居住区的概念和规模划分、影响居住区规模和规划设计的主要因素、居住区的不同类型、居住区规划设计的任务、居住区规划设计工作的内容和成果要求、居住区规划设计基础材料分析以及居住区规划设计发展的简介。

# 学习目标

通过本单元学习，应达到以下目标：

（1）明确居住区的相关概念和规模划分，能够描述出各等级居住区的概念和规模，正确程度达到90%；

（2）熟悉影响居住区规模和规划设计的因素，能够罗列出主要的几个因素并阐述理由，正确程度达到70%；

（3）明确居住区规划设计的任务和工作内容，能够初步参与居住区规划设计相关工作。

# 1 居住区的概念和类型

## 1.1 居住区的概念

居住区是城乡居民定居生活的物质空间形态，是关于各种类型、各种规模居住及其环境的总称。

## 1.2 居住区的类型

居住区类型的划分有很多思路，主要可以根据城乡区域范围、建设条件以及住宅层数等方面划分。其中，按城乡区域范围划分的不同类型居住区是确定其大部分建设内容和形式的根据；而在各种设计规范和标准与时俱进的过程中，按建设时间划分居住区类型是对执行的有效保障；在日常工作的沟通中，常按居住区的住宅层数划分类型。

### 1.2.1 按城乡区域范围划分

从城乡区域范围来看，可以分为城市居住区、独立工矿企业和科研基地居住区以及乡村居住区。

（1）城市居住区

根据《城市居住区规划设计标准》GB 50180—2018对城市居住区的定义，指的是城市中住宅建筑相对集中布局的地区，简称居住区。这是本教材所讲居住区的主要对象和内容。城市居住区首先是在城市用地范围之内，是城市功能的重要组成部分。城市居住区根据其用地规模、条件和人口规模的不同，可以分为不同层次、不同定位的居住区。

（2）独立工矿企业和科研基地居住区

这类住区一般主要是为某一个或几个厂矿企业或科研基地的职工及家属而建设的，具有两个主要的特点：一是其居住对象比较单一；二是为满足企业或科研工作的要求。此类居住区大都远离城市，具有较高的独立性。基于以上特点，居住区内除了需要设置基础公共服务设施以外，还需要配建综合性医院等设施。需要注意的是，这类独立居住区的公共服务设施经常还要为附近农村服务，因此，其公共服务设施的项目和定额指标应该较城市内一般居住区有适当提高。

（3）乡村居住区

此类居住区主要位于农村用地范围内，主要是各种规模的村庄，这些居住区均与农业生产活动有密切关系，也与农村交通道路结合紧密，这一点决定了其规划布局常常根据农村道路的选址和线形来考虑。我国推行新农村建设，提出加快改善人居环境，倡导"绿水青山就是金山银山"，这对乡村居住区规划设计起到了方向性的指导作用。

## 1.2.2　按建设时间划分

（1）新建居住区

新建居住区一般是按照现行的城市居住区规划设计相关规范和标准进行规划建设的居住区。其建筑质量和基础设施配建等情况符合当下以及未来一段时间的国民生活水平，也能够满足居民的生活需求。

（2）旧居住区

旧居住区情况通常比较复杂且各不相同。大部分旧居住区的规划布局已无法满足国民生活水平提高以后的日常生活要求，需要做出一定的调整，其中有一些具有传统特色或地方城市特色风貌的建筑，需要加以保护或改造。2018年12月1日开始执行的《城市居住区规划设计标准》GB 50180—2018 在很多方面都明确了旧居住区对于新标准的执行可循序规划匹配、建设补缺、逐步完善。但无论存在什么问题的旧居住区，在实施再发展的过程中都必须依据相关政策法规妥善解决原有居民的安置问题。

## 1.2.3　按住宅层数划分

居住区按照住宅建筑层数的不同可以分为低层居住区、多层居住区、中高层居住区、高层居住区或各种层数混合修建的居住区。不同层数住宅的居住区开发项目有着截然不同的容积率，这直接关系到房地产开发的投资回报问题。而不同层数的居住建筑与居住区周边环境的协调，以及居住区室外空间的景观打造等方面都有不同的设计考虑。

## 1.3 美国城市土地使用规划的住区

### 1.3.1 住宅单体（Dwelling）和小组群住宅

住宅单体和小组群住宅是美国居住区最基本尺度规模的居住区形式。在规划设计工作中，一般由建筑设计或场地设计专业承担较多工作，而城乡规划专业由于设计尺度涉及较少。

### 1.3.2 邻里（Neighborhood）

邻里的最大特点是整个居住区以内住宅和其他设施都具有步行可达的尺度。居住区内除了住宅组群以外，还配建有商场、学校、幼儿园、托儿所、银行、社区服务中心等公共服务设施，并采用包含人行道、自行车道、街道以及公共交通站点和换乘点等多元化交通网络系统。另外，居住区内还设有足够的室外公共空间，包括公园、广场、公共绿地、小道、水体、林荫道和街景等，以满足居民日常生活需求。

### 1.3.3 都市聚落（Urban Village）

都市聚落是由若干邻里聚集而成的。这种区域性尺度的人居环境网络是我们讨论广义人居环境的范畴，在此不做详细介绍。

# 2 居住区的规模及相关概念

## 2.1 居住区的规模等 级划分

居住区按照居民在合理的步行距离内满足基本生活需求的原则，可分为十五分钟生活圈居住区、十分钟生活圈居住区、五分钟生活圈居住区以及居住街坊四个等级，其中：

十五分钟生活圈居住区（15-min pedestrian-scale neighborhood）指以居民步行 15 分钟可满足其物质与生活文化需求为原则划分的居住区范围；一般由城市干路或用地边界线所围合，居住人口规模为 50000~100000 人，17000~32000 套住宅，配套设施完善的地区。

十分钟生活圈居住区（10-min pedestrian-scale neighborhood）指居民步行 10 分钟可满足其基本物质与生活文化需求为原则划分的居住区范围；一般由城市干路、支路或用地边界线所围合，居住人口规模为 15000~25000 人，5000~8000 套住宅，配套设施齐全的地区。

五分钟生活圈居住区（5-min pedestrian-scale neighborhood）指以居民步行 5 分钟可满足其基本生活需求为原则划分的居住区范围；一般由支路及以上级城市道路或用地边界线所围合，居住人口规模为 5000~12000 人，1500~4000 套住宅，配套社区服务设施的地区。

居住街坊（neighborhood block）指由支路等城市道路或用地边界线围合的住宅用地，是住宅建筑组合形成的居住基本单元；居住人口规模为 1000~3000 人，300~1000 套住宅，用地面积 2~4hm²，并配套有便民服务设施。

这四者之间的组织关系以及与城市之间的关系可以归纳为图 1-1 所示。

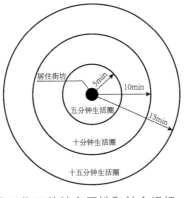

图 1-1　各级居住区示意图

如果从城市社会学的角度来认识居住区，则更加侧重 "社区"、"邻里" 等概念，关注居住区的社会属性和社会组织，主要讨论公共服务设施配套和公众参与等方面的问题。其中 "邻里单位" 又称 "邻里单元"，是早期一些西方资本主义国家研究居住区规划提出的一种规划结构概念和开发建筑模式，具体内容在第 2 单元详细介绍。

## 2.2　影响居住区规模的主要因素

居住区作为城市功能结构的重要组成部分，应该有一个合理的规模。而这个有效规模应该与对象居住区的居住功能、技术经济指标和社区管理、公共服务等方面的要求相匹配。居住区的规模包括居住人口和用地面积两个方面，一般以居住人口规模作为主要衡量指标。

### 2.2.1　配套设施的合理服务半径和经济性

商业、文化、教育、医疗卫生等公共服务设施的规模很大程度上决定了其对应的经济性和合理有效的服务半径，从而影响居住区的人口规模和用地规模。合理的服务半径即指居民到达公共服务设施的合理步行距离，一般最大为 800~1000m，通常所说的 "步行可达" 也是指合理步行距离。合理的服务半径也是影响居住区用地规模的重要因素。

### 2.2.2　城市道路交通

以机动车通勤为主要模式的城市交通，为保证交通安全、快速和畅通，要求城市干道之间保持合理的间距。因此，以城市干道来划分城市地块就成为决定居住区用地规模的一个重要条件。而城市干道的合理间距一般在 600~1000m 之间，其间地块一般控制在 36~100hm²，形成大型居住用地开发的基本规模。在路网间距较小的城市，或受到传统城市道路系统和水网系统影响的城市，其用地规模较小，因而其住区规模也相应减小。

### 2.2.3　城市行政管理体制

影响居住区规模的另一个重要因素是不同国家、不同城市的行政管理制度对居住区人口规模单元的划分与管理都具有的相应政策。我国的居住区规划设计和建设应该是在解决人们居住问题的基础之上，还要满足居民物质文化生活的需要，充分发挥居住区内的就业岗位组织居民的生产和社会活动等。例如，我国一些大城市街道办事处管辖的人口一般在 3 万 ~5 万人，这是街道社区建设与管理的基本单元。

### 2.2.4 其他方面

自然地形地貌条件和城市的规模、城市历史街区环境、居民社会心理感受等因素对居住区的规模也有较大影响。此外，住宅层数对居住区的人口和用地规模也有一定程度的影响，主要体现在高容积率开发导致居住区人口规模较高，例如居住建筑全部为高层的居住小区。

## 2.3 城市居住区规模控制指标

城市居住区的规模主要包含两个方面的内容，即人口和用地面积。首先，各级居住区的人口规模须在《城市居住区规划设计标准》GB 50180—2018 要求控制的范围之内，如表 1-1 所示。

居住区分级控制规模 表1-1

| 距离与规模 | 十五分钟生活圈居住区 | 十分钟生活圈居住区 | 五分钟生活圈居住区 | 居住街坊 |
|---|---|---|---|---|
| 步行距离（m） | 800~1000 | 500 | 300 | — |
| 居住人口（人） | 50000~100000 | 15000~25000 | 5000~12000 | 1000~3000 |
| 住宅数量（套） | 17000~32000 | 5000~8000 | 1500~4000 | 300~1000 |

（资料来源：《城市居住区规划设计标准》GB 50180—2018）

各级生活圈居住区都应合理配置、适度开发，控制建设用地规模。居住区用地是城市居住区的住宅用地、配套设施用地、公共绿地以及城市道路用地的总称。由于地域差异，各级生活圈居住区对人均用地面积的控制应满足表1-2 的要求。而对于最低一级居住街坊而言，人均住宅用地面积应控制在表1-3 所示的相应最大值以内。

各级生活圈居住区人均用地面积控制指标（m²／人） 表1-2

| 建筑气候区划 | 住宅建筑平均层数类别 | 十五分钟生活圈居住区 | 十分钟生活圈居住区 | 五分钟生活圈居住区 |
|---|---|---|---|---|
| Ⅰ、Ⅶ | 低层（1~3层） | — | 49~51 | 46~47 |
| | 多层Ⅰ类（4~6层） | 40~54 | 35~47 | 32~43 |
| | 多层Ⅱ类（7~9层） | 35~42 | 30~35 | 28~31 |
| | 高层Ⅰ类（10~18层） | 28~38 | 23~31 | 20~27 |

| 建筑气候区划 | 住宅建筑平均层数<br>类别 | 十五分钟生活圈<br>居住区 | 十分钟生活圈<br>居住区 | 五分钟生活圈<br>居住区 |
|---|---|---|---|---|
| Ⅱ、Ⅵ | 低层（1~3层） | — | 45~51 | 43~47 |
| | 多层Ⅰ类（4~6层） | 38~51 | 33~44 | 31~40 |
| | 多层Ⅱ类（7~9层） | 33~41 | 28~33 | 25~29 |
| | 高层Ⅰ类（10~18层） | 27~36 | 22~28 | 19~25 |
| Ⅲ、Ⅳ、Ⅴ | 低层（1~3层） | — | 42~51 | 39~47 |
| | 多层Ⅰ类（4~6层） | 37~48 | 32~41 | 29~37 |
| | 多层Ⅱ类（7~9层） | 31~39 | 26~32 | 23~28 |
| | 高层Ⅰ类（10~18层） | 26~34 | 21~27 | 18~23 |

**居住街坊人均住宅用地面积最大值（m²/人）** 　　　　表1—3

| 建筑气候区划<br>住宅建筑<br>平均成熟类别 | Ⅰ、Ⅶ | Ⅱ、Ⅵ | Ⅲ、Ⅳ、Ⅴ |
|---|---|---|---|
| 低层（1~3层） | 36 | 36 | 36 |
| 多层Ⅰ类（4~6层） | 32 | 30 | 27 |
| 多层Ⅱ类（7~9层） | 22 | 21 | 20 |
| 高层Ⅰ类（10~18层） | 19 | 17 | 16 |
| 高层Ⅱ类（19~26层） | 13 | 13 | 12 |

建筑气候区划的各个区域覆盖情况如下：

Ⅰ：黑龙江、吉林、内蒙古东、辽宁北；

Ⅱ：山东、北京、天津、宁夏、山西、河北、陕西北、甘肃东、河南北、江苏北、辽宁南；

Ⅲ：上海、浙江、安徽、江西、湖南、湖北、重庆、贵州东、福建北、四川东、陕西南、河南南、江苏南；

Ⅳ：广西、广东、福建南、海南、台湾、香港、澳门；

Ⅴ：云南、贵州西、四川南；

Ⅵ：西藏、青海、四川西；

Ⅶ：新疆、内蒙古西、甘肃西。

# 3 居住区的组成

## 3.1 居住区的组成要素

居住区的组成要素包括物质要素和精神要素两个方面，物质要素又由自然要素和人工要素两方面组成。

自然要素——地形、地质、水文、气象、植物等；

人工要素——各类建筑物、构筑物、工程设施等；

精神要素——社会制度、组织、道德、风尚、风俗习惯、宗教信仰、文化艺术修养等。

## 3.2　居住区的内容组成

居住区的组成内容根据建设工程类型可以分为建筑工程和室外工程。

（1）建筑工程

主要指包括住宅和宿舍在内的居住建筑，其次是公共建筑、生产性建筑、市政公用设施用房，例如泵站、调压站、锅炉房等，以及一些小品建筑等。

（2）室外工程

室外工程有地上、地下两部分。内容涵盖道路工程、绿化工程、工程管网以及挡土墙、护坡等。其中工程管网所涉及的内容特别繁杂，包括给水、排水、供电、燃气、弱电通信、供暖等管线设施。

## 3.3　居住区的用地组成

城市居住区用地包括住宅用地、配套设施用地、公共绿地以及城市道路用地四部分内容。这四类用地在居住区中发挥着各自不同的作用，同时又相互联系、相互影响甚至相互包含。《城市居住区规划设计标准》GB 50180—2018根据各级居住区所处气候区划的不同对这四类用地占居住区用地的比例做了明确的规定，各类用地的比例控制情况详见第3单元表3-1、表3-2、表3-3。此外，各部分面积的界定及计算除了遵循国标规定，还应根据各地执行的地方规范和标准加以限制。

# 4　居住区规划设计工作

## 4.1　居住区规划设计的任务

居住区规划的任务是科学合理地设计一个能够满足居民日常物质和文化生活需要的人居环境，通过规划设计保证居住区的安全、卫生、舒适、优美。居住区规划设计必须根据城市总体规划和近期建设的要求，在控制性详细规划相关指标的框架下，对居住区内各项建设做好综合、全面的安排。

居住区规划设计必须考虑建设时期技术经济发展水平和居民的文化背景、生活习惯、物质技术条件以及气候、地形和建成现状等条件，同时应注意设计的前瞻性与适应现状相结合，达到可持续发展。居住区规划设计工作除了布置住宅外，还应当考虑居民日常生活所需的各类公共服务设施、道路、停车场地、绿地和活动场地、市政工程设施等。在较大规模的居住区内还宜考虑设置适当规模和类型的就业岗位，并安排无污染、无干扰的工作场所。

## 4.2 居住区规划设计的内容

### 4.2.1 确定用地选址和范围

(1) 居住区选址应选择在安全、适宜居住的地段进行建设，使其满足城市功能布局、就业岗位分布和公共设施配置的总体要求。另一方面，其选址和用地方位的考虑应该满足居住区设计多样性的要求，从而满足不同家庭的居住需求，以及对居住地点人居环境的要求。

(2) 居住区用地适宜性分析需要对建成区的拟开发区域、空地和待改造区域的居住区进行用地适宜性分析。适宜性因素包括可达性、避免灾害、与公共服务和城镇设施的临近程度、延伸这些服务的成本、基础设施服务能力、可用空间数量等；同时还应考虑到对现有居住区进行调整以及增加新的居住区邻里的适宜性。此外，规划拟定的公共活动中心位置、城镇设施、交通系统、开放空间系统以及基础设施的有效延伸和环境保护等对于城乡人居环境也有很大影响，应将其纳入用地适宜性分析。

### 4.2.2 确定居住区须实现的功能和目标

针对对象功能确定构成居住区的各个要素，并制定将要采用的针对性设计原则。这部分工作须根据对象居住区基地特点、公共活动中心系统、交通系统、城镇设施系统和开放空间系统等方面的综合分析，确定居住区规划的功能和目标。工作中需要充分研究适宜的邻里类型的空间组合、家庭类型、支撑性服务设施的现状以及与交通系统、商业及就业中心、开放空间等之间的关系。其中，对于支撑性服务设施的调查研究还要根据现状情况分析其存在的问题。基于以上确定的功能、目标要求和采用的特定原则，从而提出对象居住区规划的概念方案和初步设计，并进一步论证、修改、深化。

### 4.2.3 确定居住区人口规模和用地规模

(1) 评估项目住宅和相应服务设施的空间需求，测算初步设计方案中各类居住单元的人口容量，并将空间需求分配到初步方案所拟定的项目各类居住单元中，以确保有充足与适宜的空间用于容纳预期的未来人口、经济活动和基础设施。

(2) 估算项目居住区居住人口所需的住宅数量、住宅的套数和类型组合，确保设计可以容纳土地使用规划和控制性详细规划所提出的居住人口控制指标的规模；估算不同规模和不同类型家庭的人口比例，并对住宅进行分类，确定人口密度分类和住宅类型选择对策。此外，规划设计还应满足商店、学校、公园等基础设施的配建。

### 4.2.4 拟定居住建筑布置方式

### 4.2.5 拟定公共服务设施

拟定公共服务设施的内容、规模、数量、标准和布置方式，这其中也包括允许设置的生产性建筑。

### 4.2.6 拟定道路规划设计内容

拟定各级道路的宽度、红线宽度、断面形式、布置方式、对外出入口位置、泊车量和停泊方式。

### 4.2.7 拟定室外空间方案

拟定绿地、活动、休憩等室外场地等数量、规模、分布和布置方式。

### 4.2.8 拟定市政工程设施规划方案

### 4.2.9 拟定各项技术经济指标和造价估算

### 4.2.10 论证规划设计方案

在规划设计方案的不同阶段进行必要的公众参与和专家咨询，征求各利益主体的意见，就满足经济社会和生态环境的综合发展要求作充分的论证。

## 4.3 居住区规划设计的原则

居住区规划设计的服务对象是居民，因此必须坚持"以人为本"、注重和树立人与自然和谐、可持续发展的基本观念，充分考虑社会、经济和环境三方面的综合效益。由于社会需求多元化，经济收入水平差异以及文化程度、职业等的不同，人们对住房与环境的选择也有所不同。在市场经济体制下，人们可以更加自由地选择自己的居住环境，居民对人居环境的要求更高。因此，居住区规划设计如何适应与满足各种不同层次居民的需求是设计工作中非常现实且迫切的问题。

### 4.3.1 健康性

居住区的规划设计应适应居民的活动规律，综合考虑日照、采光、通风、防灾、配建设施及管理等要求，创造安全、卫生、方便、舒适和优美的人居环境。在满足住宅建设基本要求的基础上，我们倡导提升健康要素，保障居民生理、心理、道德和社会适应等多层次的健康需求，为老年人、行为障碍者的生活和社交活动提供条件。该要求包含了两重内容，即满足居住物质环境的健康性，同时也应关注居住社会环境的健康性，以此进一步提高居住区质量，打造舒适、健康的人居环境，从而促进居住区建设可持续发展。

### 4.3.2 整体性

整体性的要求包括要符合城市总体规划和控制性详细规划的要求，配建公共基础服务设施采取统一规划、合理布局、因地制宜、综合开发的原则。居住建筑作为大量建造的一般性民用建筑，其规划设计常常会出现分阶段进行，所以居住区规划设计的整体性尤为重要，可以说整体性是居住区规划设计的指导性原则，居住区的环境特色也主要取决于其整体性。居住区的整体设计需运用城市设计的思想与方法，对整体环境的空间轮廓、群体组合、整体色彩、单体造型、道路骨架、绿化种植、地面铺装、小品环境、街道家具等一系列环境设计要素进行整体构思。

### 4.3.3 经济性

经济性要求居住区规划设计应综合考虑其所在城市的区域定位、社会经济、气候、民族、习俗和传统风貌等地方特点和规划用地周围的环境条件，充分利用规划用地内有保留价值的地形地物，包括河湖水域、植被、道路、建筑物与构筑物等，将其纳入规划设计，注重节地、节能、节材、节省维护费用等。设计阶段工作须为项目后续的工业化生产、机械化施工和建筑群体、空间环境多样化、商品化经营、社会化管理及分期实施创造条件。

### 4.3.4 生态化

居住区的生态质量对城市生态环境的改善起到重要作用，水体和绿地可以优化居住区的微观气候，环保"绿色"建材等已普遍得到社会公众的认可，居住区生态系统对于低碳人居环境和可持续发展起着重要的作用。

### 4.3.5 科技性

城市建设工程提倡依靠科技进步大力研究和应用新技术、新材料、新工艺和新产品。科技进步对住宅产业现代化起重要的作用，科学技术广泛深入的应用，不仅可以改善住区的功能，提高住区的质量，同时也带来了相应的经济与环境效益。

### 4.3.6 地方性与时代性

居住区作为城市的主要功能空间，其规划设计应充分反映居住区所在地的历史文脉、建筑材料、当地气候、地理条件和居民的生活习惯等因素。地方性主要涉及对传统元素的继承和再发展问题，我们应该认识到一成不变的传统随着时间的推移是会慢慢失去生命力的，这一点正如我国其他的传统文化艺术一样，既需要继承，也需要创新，赋予传统历史文脉以新的生命力，这也是在研究地方性时必须重视时代性的道理。

### 4.3.7 前瞻性与灵活性

一幢建筑物的寿命少则几十年，多则上百年，一个居住区的全过程寿命周期更长。因此居住区的规划设计必须要有超前的意识。但是建筑技术和经济条件又都受制于当前的国民经济水平，所以其规划设计还需主要解决当前现实问题。要兼顾当前的实际情况，其超前性的设计要灵活处理，最好采取留有余地、不做设定性的超前设计，为后期再发展留下空间和更多可能性。

### 4.3.8  领域性与社会性

一个居住区应该具有较为明确的领域感，例如有一个核心或者聚焦点，这个核心应位于相对中心位置并与其他部分形成良好的空间联系，形成较好的领域性。同时居住区规划设计应创造不同层次的交往空间，为各年龄段居民的社会交往行为提供可能性，形成较好的社会性。

## 4.4  居住区规划设计的要求

### 4.4.1  安全要求

为居民创造一个安全居住环境的首要工作是必须对各种可能产生的灾害进行调查分析，使居住区规划能够尽量通过设计手段有利于防止灾害的发生或减少其危害程度。

（1）防火

为了保证一旦发生火灾时居民的安全，防止火灾的蔓延，建筑物之间要保持一定的防火间距。防火间距的大小主要根据建筑物的耐火等级以及建筑物外墙门窗、洞口等情况来确定。

（2）防震

为在地震发生时将地震区域的灾害影响控制到最低程度，在进行居住区规划时须着重考虑以下几点：

1）居住区用地的选择应尽量避免布置在沼泽地区、不稳定的填土堆石地段、地质构造复杂的地区，例如断层、风化岩层、裂缝等，以及地震时有崩塌陷落危险的其他地区。

2）应考虑足够的安全疏散、避难用地，以满足灾害发生时居民疏散和避难（如搭建临时避震棚屋等）以及组织临时医疗点和物资点等。安全疏散用地可结合公共绿化用地、学校等公共建筑的室外场地、城市道路的绿化带等统一考虑。除了室外的疏散用地外，还可利用地下室或半地下室作为避震疏散之用。

3）居住区内的道路应严格按照设计规范控制坡度，尽量平缓且布置在建筑物和构筑物倒拥范围之外，便于疏散。一般情况下，建筑物倒拥范围的最远点与建筑物的距离大致不超过建筑高度的一半。

4）居住区内各类建筑应严格按照国家有关抗震设计要求的建筑设防烈度进行设计，并根据相关规范提升住区内中、小学和幼托设施的抗震能力。

（3）防空

居住区的防空建筑是整个城镇防空工程的一部分，其规划设计必须符合防空工程总体规划的要求，同时也要满足防空建筑设计规范和施工要求。在具体规划设计时应注重"平战结合"的原则，比如有的防空工程非战时可作为居民纳凉点、自行车存放处、汽车车库以及商店的仓库、办公等用房。防空地下建筑应与地下工程管网的规划设计密切配合，统一考虑。

### 4.4.2 卫生要求

为居民创造一个卫生、安静的人居环境，要求居住区有良好的日照和自然通风等条件，以及防止噪声干扰和空气污染、防止来自有害工业的污染等。这一点首先是通过对居住区建设用地的选择来控制，即居住区选址应安排在适宜健康居住的地区，具有适合建设的工程地质和水文地质条件的区域，以及远离污染源，或采取技术措施有效控制水污染、大气污染、噪声、电磁辐射、土壤氢浓度超标等的影响。在居住区内部，锅炉房的烟尘、垃圾及车辆交通引起的噪声和灰尘等都是环境污染的来源，也是建设工程环保备案需要明确说明处理措施的地方。为防止和减少这些污染源对居住区的影响，除了在规划设计上采取一些必要的措施外，最根本的解决办法还是改善采暖方式和改革燃料的品种。在冬季采暖地区，应尽可能创造条件采用集中供暖的方式。

### 4.4.3 使用要求

为居民打造一个满足生活使用要求的居住环境是居住区规划设计最基本的要求。居民的使用要求包含很多方面，规划布局和环境设计需要满足不同家庭结构、不同年龄段居民群体的需求，为其选择合适的住宅类型，并确定适当的公共服务设施项目、规模及其分布方式，合理地组织居住区的内外交通和居民室外活动场地、休憩场地、绿地等。

### 4.4.4 经济要求

确定居住建筑的标准、公共建筑的项目和规模等均需考虑建设项目当时当地的社会经济大环境以及居住对象的经济状况。但无论选择怎样的建筑定位，都要努力降低居住区建筑的造价和节约城市用地，这是居住区规划设计的一个重要原则。居住区规划设计的经济合理性主要通过对居住区的各项技术经济指标的控制分析来实现，最后体现在其综合造价上。除了运用指标数据进行控制外，作为设计工作者还应着眼于合理设置建设项目和布局居住区，通过设计手段为居住区建设的经济性提供可能性。

### 4.4.5 美观要求

在满足以上要求的基础上，美观要求旨在为居民创造一个优美的人居环境，是人们对美好生活的更高向往。居住区是城乡环境中建设量最多的项目，因此它的规划与建设对城乡的面貌有很大影响。居住建筑作为居住区的主要组成部分，属于大量型建筑，所以优美居住环境的形成不仅仅取决于单个住宅或公共服务设施的设计，更重要的取决于建筑群体的整体形象和组合，以及建筑群体与环境的结合。通过有机的整体规划设计，使居住区设计既传承地方文脉、体现当地特色，又具有时代精神，生动明朗、大方整洁、优美宜居。

## 4.5 居住区规划设计的流程

第一阶段：前期调研

设计工作前期需要做大量的调研工作，包括现场踏勘、资料收集等，调研内容大致包括以下两个部分：

（1）物质环境——周边情况、自然条件、风土文化、地块定位；

（2）社会环境——建设目的、规划方针、区位分析、规划条件。

第二阶段：明确规划理念

（1）明确项目规划设计的目标与原则——可持续发展、与环境相协调、舒适、地方文脉特色等；

（2）制定规划方针——充实公共空间、公共交通优先、传承地方文脉、明确结构骨架、重视步行、水体与绿地成系统、空间多样化等。

第三阶段：规划设计

（1）规划框架——土地利用、交通组织、绿化景观、公共空间构建；

（2）规划方案——总平面布局、交通规划、公建规划、中心区详细设计、土地利用、景观规划、绿地规划、居住区详细规划；

（3）规划其他工作——土方规划、项目概算。

第四阶段：建筑方案设计

（1）住宅单体选型与设计；

（2）公建单体设计；

（3）景观方案设计；

（4）规划调整；

（5）技术经济指标分析。

## 4.6 居住区规划设计的成果表达

### 4.6.1 规划设计说明

内容包括设计依据、任务要求、基地现状、自然地理、地质人文，规划设计意图、特点、问题、方法等。

### 4.6.2 分析图

（1）区位分析图，即基地的位置分析。区位分析图的目的是明确基地的具体位置关系，其分析范围的尺度选择须根据项目具体情况而定，切勿将任何项目的区位分析都从全世界的尺度开始。例如图示基地位于我国某南方城市中心区域，那么对于这个项目而言，通常情况下，就不必图示中国在世界的什么位置；

(2) 基地现状分析图，内容包括人工地物、植被、毗邻关系、区位条件等；

(3) 基地地形分析图，分析内容包括高程、坡度、坡向、排水等分析；

(4) 规划设计分析图，图示内容包括规划结构、空间环境、道路系统、公建系统、绿化系统分析等。

### 4.6.3　规划设计方案图

(1) 居住区规划总平面图，图示内容须准确表达用地界线确定及布局、住宅群体布置、公建设施布点、社区中心布置、道路结构走向、静态交通设施、绿化布置等；

(2) 建筑选型设计方案图，图示内容包括住宅平立面图、主要公建平立面图等。

### 4.6.4　工程规划设计图

(1) 竖向规划设计图，图示内容包括道路竖向、室内外地坪标高、建筑定位、挡土工程地面排水、土石方量平衡等；

(2) 管线综合工程规划设计图，图示内容包括给水、污水、雨水、燃气、电力电信等基本管线布置，采暖供热管线、预留埋设位置等。

### 4.6.5　形态意向规划设计图或模型

(1) 全区鸟瞰或轴测图；

(2) 主要街景立面图；

(3) 居住区中心及主要空间节点的平、立、透视图。

### 4.6.6　规划技术经济指标分析

内容包括居住区用地平衡表，面积、密度、层数等指标，公建设施指标，住宅标准及配置平衡，造价估算等。

## 5　居住区规划设计的基础资料分析

## 5.1　政策法规资料

(1) 城乡规划法、居住区规划设计标准；

(2) 住宅、道路、公建、绿化及工程管线等其他相关规范；

(3) 城镇总体规划、区域规划、控制性详细规划的有关要求；

(4) 居住区规划设计任务书。

## 5.2　工程技术资料

（1）城市给排水管网供水：管径、坐标、标高、管道材料、最低压力等；

（2）排水：排入点坐标、标高、管径、坡度、管道材料、允许排量、污水清洁等；

（3）防洪：历史最高水位、防洪要求和措施；

（4）道路交通：道路等级、宽度、结构、坐标、标高、距离、公交站位置等；

（5）供电：电源位置、供电线路方向及距离、线路敷设方式、高压线等。

## 5.3　现状地形资料

（1）现状：对用地各类设施加以确认，分辨需要保留、利用、改造、拆除、搬迁的项目；对基地周边关系分析主要是确认规划地块在地域中的关系。

（2）高程：按相同的等高距，将等高线以递增（减）方向分成若干组，以不同的符号或颜色区别，以显示地块高程变化情况，最大高程与最底高程的部位及其高程差，可以为某些设施的布局提供依据。

（3）坡度：根据地块坡度 $i$ 的数值大小，一般将用地分为三类：

一类用地：$i \leqslant 10\%$ 对建筑布局、道路走向影响不大；

二类用地：$10\% < i < 25\%$ 对建筑布局、道路走向有一定影响；

三类用地：$i \geqslant 25\%$ 对建筑布局、道路走向影响较大。

按照坡度分级，可以将地块内相应坡度地段以不同符号或颜色加以区分，形成坡度分析图。坡度 $i$ 的计算如图1-2所示，且计算时应注意按照图纸比例换算长度单位。

$$i = h/d$$

$i$——等高线最小平距的地面坡度；

$h$——等高线最小平距两端点高程差；

$d$——等高线最小平距的长度。

当图纸比例和相邻等高线高差一定时，可以通过等高线的疏密快速判断地块的大致坡度情况：等高线密集的地方，地形坡度较大；等高线稀疏的地方，地形比较平缓。

坡度分析作为规划工作的重要辅助工作之一，可以有效帮助优化土石方工程量和建筑布局。规划设计工作中，一般会将建筑和道路尽量平行于等高线或与之斜交布置，避免与等高线垂直相交；同时也可以适当利用地形坡度做建筑的错迭处理或增加建筑层数，取得丰富的建筑空间。

（4）坡向

将地形图分为东、西、南、北四个坡向，分别以符号或颜色区分，即形成坡向分析图。四个

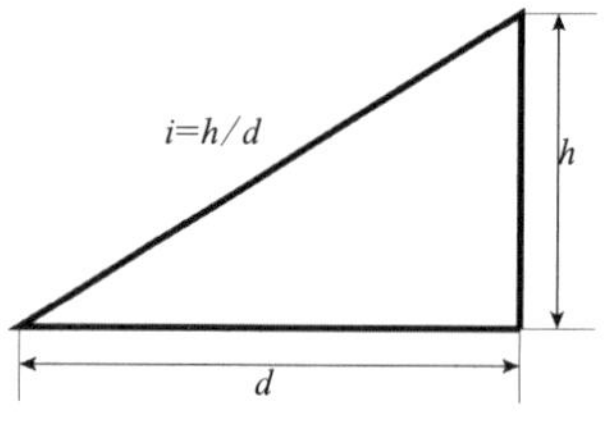

图1-2　坡度计算示意图

坡向的求作，是以相应方位的45°交界线划分，即将等高线四个方位45°切线交点分别连线，两相邻连线间的地段分别为相应的坡度。

在我国南向坡是向阳坡，是建筑用地最佳朝向，根据坡度大小，南向坡内的建筑日照间距可适当缩小以节约用地；北向坡为阴坡，应适当加大建筑日照间距以保证必要的日照；西向坡在炎热地区要注意遮阳防晒，严寒地区因能取得一定日照而优于北向坡；东向坡对南、北地区相对均比较适宜。

（5）排水

排水分析即作出地面的分水线和集水线（汇水线）来分析地表水流向。分水线通常是山脊线，山脊的等高线为一组凹向低处的曲线，其最小曲率曲线的法线与切线的交点连线即为山脊线；集水线通常为山谷线，山谷的等高线为一组凸向高处的曲线，其最小曲率曲线的法线与切线的交点连线即为山谷线。排水分析可作为地块内地面排水和管线埋设的依据。

## 5.4　自然地理资料

（1）地形图：区位地形图、基地地形图；
（2）气象：风象、风频、气温、降水、日照、空气湿度、气压、空气污染度等；
（3）工程地质：地质构造、土质特性、承载力、地层稳定性、地震及烈度等；
（4）水源：地面水、地下水。

## 5.5　人文地理资料

（1）基地环境：建筑形式、环境景观等；
（2）人文环境：文物古迹、历史底蕴、地方风俗、民族文化等；
（3）其他：居民、政府、开发建设等各方要求以及造价、经济承受能力等。

# 6　居住区规划设计发展概况

## 6.1　国外居住区规划设计的理论与实践

18世纪中叶，第一次工业革命使得英国城市迅速膨胀，随之而来的是居住条件迅速恶化：城市中缺乏阳光、清洁的水、没有污染的空气，生活环境恶劣、社会贫富差距大等一系列社会问题产生。在这样的社会背景下，邻里单位、新城市主义等改善人居环境的理念和探索先后诞生。

### 6.1.1　新协和村

19世纪20年代，西方社会贫富差距极大且生活环境恶劣，根据托马斯·摩尔（Thomas More）1516年在其《Utopia》一书中的描述，以罗伯特·欧文（Robert

Owen）为代表的空想社会主义者提出了一种理想的社会形态，他们希望以此能够缓和社会矛盾、改良社会环境。为此欧文不惜散尽家财，致力于乌托邦式空想社会主义的实践，于 1799 年在苏格兰建立了 New Lanark 工人住宅区。居住区内设立了一所学校，这是近代世界上第一个具有公共配套设施的城市平民居住区。经过近 20 年的努力，欧文秉持着他的社会理想，把城市作为一个完整的经济范畴和生产生活环境展开研究，于 1817 年提出了一个"新协和村"的方案。新协和村方案建议居住人数为 500~1500 人，耕地面积为人均 4000m²；建筑布局考虑取消街巷或胡同，在中央以四幢较长的房屋围合成长方形的大院，内设食堂、学校和管理机构等公共建筑；四周建造标准化住宅形成围合，大院空地种植树木供运动和休闲之用，住宅区外是工厂、作坊和奶牛场，最外围是耕地和牧场，村民共同劳动、平均分配。1825 年欧文带领 900 人在美国印第安纳州建设了现实版"新协和村"，他以极大的热情经营，但两年后以失败告终。空想社会主义寄托了人们对于完美城市环境的期许，其对城市规划的构想大多依托于对社会体制结构的思考，过于理想的规划形态脱离社会现实。

## 6.1.2  田园城市

城市规划在 19 世纪末之前都更多地在进行社会范畴的思考，随后便进入到一个更加技术性和系统化的时期。首先是 1898 年，英国人霍华德(Ebenezer Howard）提出了"田园城市"的理论，他在《明天：一条引向真正改革的和平道路》(Tomorrow：a Peaceful Path towards Real Reform) 一书中指出工业化背景下城市所提供的生活环境与人们所期望的人居环境，以及城市与自然之间的关系存在矛盾和距离。田园城市实质上是城和乡的结合体，它的规模适中，四周有农业地带围绕。田园城市模型提出其城市人口约 30000 人，占地 404hm²，城市外围有超过 2000hm² 土地为永久性绿地供农牧业生产用。城市本身由一系列同心圆组成，有 6 条大道由圆心放射出去，中心区域是一个占地 20hm² 的公园。公园周边设置公共建筑物，包括市政厅、音乐厅、会堂、剧院、图书馆、医院等，再外一圈布置为占地 58hm² 的公园，公园外圈是一些商店、商品展览馆，再外一层为住宅，住宅外面为宽 128m 的林荫道，大道当中为学校、儿童游戏场地及教堂，林荫道另一面是花园和住宅。如图 1-3

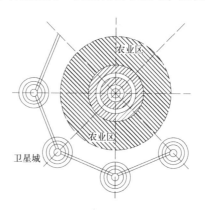

林荫道

农业区

农业区

卫星城

图 1-3  田园城市方案
（资料来源：同济大学李德华. 城市规划原理：第 3 版 [M]. 北京：中国建筑工业出版社，2001：14）

所示，霍华德针对现代城市出现的问题提出先驱性的规划思想，即城市规模布局结构、人口密度、绿带等，以及独到的见解，形成一个较为完整的规划思想体系，对后来出现的"有机疏散"和"卫星城镇"等理论影响深远。霍华德于 1902 年以《明日的田园城市 (Garden City of Tomorrow)》之名再版的书更是城市规划学科的经典之作，成为日后城市规划理论研究的重要文献之一。

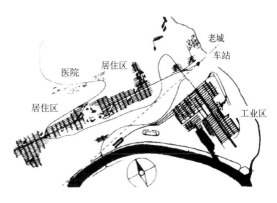

图 1-4 工业城市方案
　　构想
（资料来源：王炜.居住区规划设计[M].北京：中国建筑工业出版社，2016：4）

### 6.1.3　工业城市

1898 年，法国建筑师戛涅在霍华德提出"田园城市"理论的同时，也从大工业发展的需要出发，开始了对"工业城市"规划方案的探索，提出了城市人口为 35000 的"工业城市"的构想。工业城市的规划方案于 1901 年展出，并于三年后完成了详细的规划图。工业城市的各功能要素有明确的划分（图 1-4）：城市中心设置集会厅、展览馆、图书馆、博物馆、剧院等，居住区呈长条形，疗养及医疗中心位于北面坡向阳面，工业区位于居住区东南，各功能区之间均有绿化隔离，火车站设置于工业区附近，铁路通过一段地下铁道伸入城市内部。工业城市中的居住区具有开放性特征，居住区划分为若干居住小区，住宅街坊宽 30m，长 150m，居住区中心设有比较齐全的公共建筑，学校和生活服务设施组合配建在居住用地内，绿地占约 50% 的居住用地，其内部修建步行道路网，所有住宅为二层独立式建筑。工业城市的最大特点就是依据地段条件而设，布局可以灵活变形，同时充分考虑日照、通风等要求。

### 6.1.4　光明城市

法国建筑大师柯布西耶的光明城市是现代城市居住区规划的最初蓝本，也是影响最为深远的设计思想，高层高密度的居住区模式就是源自于此。柯布西耶于 1922 年出版了著名的《明日的城市》一书，1933 年又提出光明城市的规划设想，成为了现代城市规划和光明城市理想的代表人物。光明城市如图 1-5 所示，其布局为：城市中心是铁路、航空和汽车交通的汇集点，站台和广场按多层空间设置；市中心布置 24 幢 60 层的高层办公楼，其平面呈"十"字形，周边长 173m，人口密度为 3000 人 /hm²；中心区西侧布置市政府、管理机构、博物馆以及一个英式花园；中心区东侧为工业区、仓库及货运站；中心区南北两侧为居住区，由连续的公寓住宅组成，人口密度为 300 人 /hm²；城区周围保留有发展用地，可布置绿地及运动场，城郊布置若

图 1-5 光明城市构想

干个田园城镇，人口规模为 300 万，分配方式为中心区 100 万、田园城镇 200 万。

柯布西耶提出的光明城市创造了一座以高层建筑为主的、包括整套绿色空间和现代化交通系统的现代城市，其规划理念偏重住宅的空间、物质等技术层面上的要求，却较少关注居民的心理及交往、出行等生活要求和情感要求，这恰恰也是现代主义的历史局限性。

### 6.1.5 卫星城镇理论和实践

1912~1920 年，巴黎制定了郊区居住建设规划，旨在离巴黎 16km 范围内建立 28 座居住城市，这些城市除了居住建筑以外，没有配建任何生活服务设施，居民的日常文化生活和工作都集中在巴黎，这是第一代卫星城镇，称为"卧城"。第二代卫星城镇则是在 1918 年，芬兰建筑师伊利尔·沙里宁（Eliel Saarinen）和荣格（Bertel Jung）为赫尔辛基（Helsinki）新区明克尼米－哈格（Munkkiniemi-Haaga）设计的一个 17 万人口的扩展方案。虽然只有一小部分得以实施，但这类卫星城镇除了居住建筑以外，还有一定数量的工厂、企业和生活服务设施，这使得城镇的一部分居民可以就地就业，形成一个半独立城镇。无论是第一代的"卧城"还是第二代的半独立城镇，在大城市的人口疏散方面成效不大。于是 20 世纪 60 年代，以英国米尔顿·凯恩斯（Milton-Keynes）为代表的一批独立新城作为第三代卫星城镇出现，其特点是规模比第一代和第二代卫星城镇更大，且进一步完善了城市公共交通和生活服务设施。以凯恩斯为例，它位于伦敦西北与利物浦之间，与两城各相聚 80km，占地 90km²，规划人口 25 万，城镇拥有多种就业机会，交通便捷，生活接近自然。

从卫星城镇的发展过程不难看出，由第一代的"卧城"到半独立城镇，再到基本完全独立的新城，其规模逐渐增大。例如英国 20 世纪 40 年代卫星城镇的人口是 5 万 ~8 万，而到 60 年代就已达到 25 万 ~40 万人口的规模了。日本的多摩新城也由原计划的 30 万人口扩大至 40 万。规模足够大的新城可以提供多样的就业机会，也有条件配建足够规模的完善的公共服务设施，以此吸引更多的居民，并减少对母城的依赖，从而有效疏散大城市人口。

## 6.2 国内居住区规划设计的理论与实践

### 6.2.1 传统居住区

原始社会，人类为躲避风雨和猛兽，发展出了穴居和巢居的居住形式。随着人类社会第一次劳动大分工，出现了农业、畜牧业；同时逐渐形成了一些以农业为主的固定居民点，这就是最初的原始村落。而第二次劳动大分工产生了手工业及商业，出现了以商业、手工业为主的城市，以及以农业为主的乡村，固定的居民点大都在靠近河流、湖泊的向阳河岸台地上（图 1-6）。进入奴隶社会，土地实行"井田制"，道路和渠道纵横交错把土地分隔成棋盘式地块，称之为"井田"，棋盘式和向心性的划分形式对古代城市的格局有深远的影响。周代有"邑"泛指所有的居民点，整个规划采用方格网的布局方法。到了封建社会，居住点规模逐步扩大，秦汉"闾里制度"脱胎于农业井田制出现，大量城市居住点出现，取代农村居住点。至汉代，"里坊制"确立，这是中国古代主要的城市和乡村规划基本单位与居住管理制度。"里坊制"规定把全城分割为若干封闭的"里"作为居住区；商业与手工业则限制在一些定时开闭的"市"中。"里坊制"开创了一种布局严整、功能分区明确的城市格局，即平面呈长方形，宫殿位于城北居中，全城作棋盘式分割。随着社会经济发展和生活方式的转变，单一居住型的"里"已不能满足需要，其形式发生了一定的改变，北魏改称"坊"，隋初正式以"坊"代"里"。唐代的城市规模更大，其中长安城人口规模达到 100 万人，"坊"被推崇备至，其面积进一步扩大，达到 27~80hm$^2$。长安全城有 100 多座坊，是当时世界上规模最大的城市，且规划整齐，布局严整，是中国古代都城的代表之一（图 1-7）。到了北宋中期，里坊由封闭形式发展为开敞。明清时期，北京是我国封建后期的代表城市，居住区的组织形式没有大的变化，城内除分布各处的寺庙、塔坛、王府、官邸外，其余仅为民宅、作坊和商服建筑，居住区以胡同划分为长条形的地段（图 1-8）。半殖民地半封建时期直至 1949 年中华人民共和国成立前，更多地方的住宅建设处于一定程度的自由发展状态，各地都涌现了具有地方特色的居住区域。

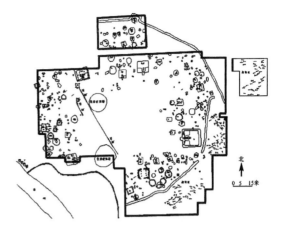

图 1-6 陕西临潼姜寨母系氏族部落聚落布局

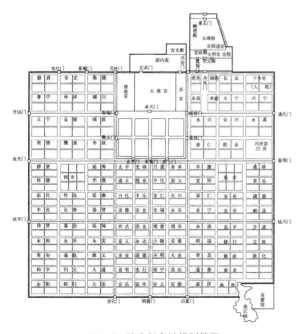

图 1-7 隋唐长安城规划简图

（资料来源：李德华．城市规划原理：第 3 版 [M]．北京：中国建筑工业出版社，2001：16）

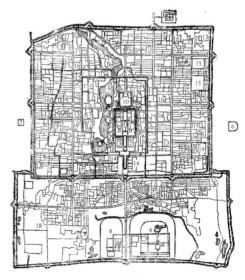

图 1-8 清北京城市布局

1- 宫殿；2- 太庙；3- 社稷坛；4- 天坛；5- 地坛；6- 日坛；7- 月坛；8- 先农坛；9- 西苑；10- 景山；11- 文庙；12- 国子监；13- 清王府公主府；14- 衙门；15- 仓库；16- 佛寺；17- 道观；18- 伊斯兰礼拜寺；19- 贡院；20- 钟鼓楼

（资料来源：董鉴泓．中国城市建设史：第 3 版 [M]．北京：中国建筑工业出版社，2004：142）

## 6.2.2 现代居住区

中华人民共和国成立后，在国家经济体制和宏观政策的引导下，我国住宅与居住区规划建设经历了从无到有、逐步成熟并健康发展的阶段，这个过程基本可以归纳为模仿停滞期、复苏过渡期、振兴发展期、转型变革期、产业化发展期和节约型生态化期。

（1）停滞模仿期（1949~1978年）

中华人民共和国成立之初百废待兴，我国学习西方先进的居住区规划理论，引进了邻里单位、居住街坊和居住区理论，初步形成了当时的规划思想和方法体系。通过模仿当时国外的一些居住区形式，我国也建成了一定数量的居住社区，特别是在靠近俄罗斯一带的东北地区，建设了极具时代特色的居住社区。随后，受到"大跃进"和"文革"的影响，城镇住宅建设总量只有近5亿户，人均居住面积仅为3.6m²，与我国成立初期相比没有明显提升，整个居住区以及住宅建设的发展处于停滞状态。

（2）复苏过渡期（1979~1990年）

随着改革开放经济体制的改革，居住区的开发机制渐渐发生转变，住宅开发由福利型向商品型过渡。在规划理论上逐步形成了居住区—居住小区—居住组团的规划结构，并配建有相应的公建服务设施。住宅产业步入了产业化发展的道路，成为国民经济振兴和社会发展的重要产业。

（3）振兴发展期（1991~1995年）

这个时期住宅建设进入到高速发展的状态，提出了"统一规划，合理布局，综合开发，配套建设"的规划方针。居住区规划向多样化发展，改变了千篇一律的设计手法；居住区结构向多元化发展，不拘泥于分级模式；功能布局观念更新，商业服务设施由内向服务型转向外向经营型；规划设计思想理论增强了"以人为本"的意识。

（4）转型变革期（1996~2000年）

中央指出要把居住区建设作为国民经济新的增长点，逐步实行住房分配货币化。其中，以城镇住房货币化分配为核心政策，构建住宅商品化、社会化的新体制；以物业管理为基本形式，提高住宅消费的市场化程度。其中，"2000年小康型城乡住宅科技产业工程"的实施初步构建了住宅产业现代化的总体框架。这些变革标志着我国住宅产业逐步走向持续稳健发展阶段。

（5）产业化发展期（2001~2016年）

经过多年的改革发展，住宅产业进入了持续稳健发展的阶段。推进住宅产业化、现代化是新时期住宅产业发展的必然趋势，其目的是优化住宅的综合质量，提高住宅生产的劳动生产率。这个时期居住区—居住小区—居住组团的规划结构发展成熟。

（6）生态品质化期（2016~现在）

2016年，我国正式发布了《关于大力发展装配式建筑的指导意见》，指出"力争用十年时间，使其占到新建筑面积比例的30%"。而我国的这些装配式建筑将会在未来为世界节约 12% 的资源消耗。目前我国正在以生态化的理念建设节约型社会，新的规划设计纲领要求居住区项目的开发必须在可持续发展的框架下开展，绿色建筑、装配式建筑等新理念、新技术引领着当今的住宅开发建设。2018 年 12 月 1 日开始执行的《城市居住区规划设计标准》GB 50180—2018 也更加关注高质量的居住区规划设计问题，将很多以人为本和可持续发展的理念明确在其中，比如规定了居住区应为老年人、儿童、残疾人的生活和社会活动提供便利的条件和场所；居住区规划设计应延续城市的历史文脉、保护历史文化遗产并与传统风貌相协调；应采用低影响开发的建设方式，并应采取有效措施促进雨水的自然积存、自然渗透与自然净化等。随着国民生活水平的不断提升，本阶段的居住区开发任务已从上阶段大部分解决刚需"量"的要求转向满足改善型住房"质"的要求。大拆大建的阶段已经过去，追求高质量城市化的居住区规划设计才是顺应时代发展的工作。

# 7 我国居住区规划设计前瞻

　　居住区建设涉及最广大人民群众的切身利益，与人们的生活息息相关。目前我国居住区建设已经由"数量型"转向"质量型"的开发建设阶段。在居住区规划与住宅建筑设计中，我们积极推进以人为本的设计理念和可持续发展策略方针。未来的居住区建设将更加注重环境保护，同时充分反映科技进步，并积极推进居住区项目施工产业化和现代化。预计我国未来居住规划设计的重点将会在集约化、社区化、生态化、颐养化和智能化等方面进行不断的探索。

## 7.1 集约化

　　城市化的不断发展使得土地资源越发紧张，居住区开发须从规划设计着手，在建筑单体节地、节能、节材等方面考虑集约化设计。集约化设计的主要思想是将居住区住宅和公共设施、地上和地下空间、建筑综合体和空间环境统筹规划建设。设计将商业、文化、卫生、休闲娱乐、综合服务和行政管理综合在一起；达到增加邻里交往的同时，节约建造用材，且为居住区的智能化和物业管理提供有利条件的目的。

## 7.2 社区化

　　居住区的建设内容不仅包括完善物质条件，更要建立具有可参与性的精神生活空间，以此体现社区精神和地缘认同感。这就要居住社区必须成为社会结构中最稳定的单元，且社区元素多元丰富，多种功能综合服务。这类综合居住社区的规划设计工作需从不同尺度着手作相应的分析：
　　区域尺度——在市域范围内进行居住工作、基础设施和开放空间的系统整理；

城市尺度——在城市设计层面进行居住工作、市政、文教、休闲场所的规划设计；

建筑尺度——在详细规划层面进行建筑单体规划设计的准备。

## 7.3  生态化

生态化是如今设计行业的一个总体理念趋势，涵盖的内容也十分广泛，对于城镇居住区，最关键的是人与环境的关系。居住区生态系统是在自然生态环境基础上建立起来的人工生态系统，其根本问题就是处理好人、自然和技术之间的关系，从而创造一个可持续发展的、良性循环的生态型居住区。而居住区规划设计工作就是将居住区作为复杂的人工生态系统，运用生态学和城市规划的相关理论和技术，实现高质量的生态生活环境，同时维持该系统的动态平衡。生态化是 21 世纪的一个重要主题，生态化的规划设计需要居住区规划设计的从业人员和居住区的使用者、管理者时刻持有一份爱护生态环境的责任感。

## 7.4  颐养化

各项数据显示我国已正式迈入老龄化社会。随着国民生活水平的提高，老年人的晚年生活已不仅仅是简单的生活，而是追求身心健康、更高质量、更加舒适的晚年生活。结合我国社会实情，养老宜采取社会养老和家庭养老结合的方式。在居住区设计上应不拘一格，打造多元化的养老社区，以满足不同需求人群。但无论设计风格如何，考虑到居住区的养老功能，都应注意以下几点：

（1）老年人的居住环境首先应满足其生理需求，给予充足的采光照明，地面防滑且减少地面高差变化，做无障碍设计，创造近距离交流空间；

（2）室外环境须满足老人休闲娱乐要求，做到既有小尺度私密空间，又有较大的公共空间，环境设计应充分考虑安全性和舒适性；

（3）为老少相近而居提供条件和可能性。

我国居住区设计的未来发展一定是符合可持续发展的方向，在物质条件更加优化的基础上，会更加注重人文关怀。其中，养老社区将成为我国居住区规划设计未来发展的一个重点和典型，关于养老社区的规划设计问题，教材在第十单元作详细介绍。

## 7.5  智能化

智慧社区、智慧家居将在未来以极快的速度发展起来，科技是保证居住质量必不可少的手段。在未来居住区的设计和运营过程中，大数据、云计算等技术将更加普及地被运用到居住区的方方面面，我们必须在设计之初就做好基建配套的准备。我们目前在居住区规划设计的过程中，就会应用到大数据等技术来分析人的行为特点，为规划设计决策提供依据，这些技术将会更多地运用到今后的规划设计工作中。

## 课后思考题

1. 居住区按照规模可分为哪几个级别？

2. 影响居住区规模的主要因素有哪些？

3. 居住区规划设计工作需要做些什么？

4. 居住区规划设计的工作流程是怎样的？

5. 开展居住区规划设计工作需要收集和分析哪些基础资料？

# 2

## 第2单元　居住区的规划
## 　　　　　结构与形态

## 单元简介

本单元讲述居住区规划结构与形态的各方面知识，包括居住区规划结构的概念和影响因素；居住区的物质系统和社会系统；居住区规划结构的基本形式；居住区规划结构的布局形态和居住区规划结构的发展五部分内容。

## 学习目标

通过本单元学习，应达到以下目标：

（1）掌握居住区规划结构的概念和影响因素的内容，能够熟练罗列出影响居住区规划结构的主要因素，正确率达到90%；

（2）建立居住区规划相对应的物质系统和社会系统概念，能够解释居住区规划设计中对象元素的物质概念和社会属性，正确率达到60%；

（3）熟练掌握居住区规划结构的基本形式，能够应用各种规划结构的基本形式对各种居住区规划案例做分析，正确率达到70%；

（4）熟练掌握居住区规划结构的布局形式，能够应用各种布局形式进行初步布局规划设计，正确完成率达到70%。

# 1 居住区规划结构

## 1.1 居住区规划结构的概念

居住区的规划结构是指根据对象居住区的功能要求采取的一种规划组织方式，以综合解决住宅与公共基础设施、道路、公共绿地等相互作用关系的问题。

## 1.2 影响居住区规划结构的主要因素

居住区的设计内容取决于其功能要求，而功能的设置源于必须满足居民的生活需求以及符合人为活动的特点。所以居住区内人们活动的规律和特点和配建公共设施的服务半径是影响居住区规划结构的两个最主要因素。

人们在居住区内的活动内容繁多，种类多样，除了在住宅内展开的活动，还包括社交娱乐、政治学习、商业服务、文教体育、健身、医疗卫生等方面的活动，这些活动是可以归纳出一定的规律和特点的（图2-1）。根据居住区内人们活动的特点和规律可以得出居住区规划结构的一些基本原则，例如：居民日常生活必需的公共服务设施应尽量接近居民活动区域；为确保安全，小学生上学不应该跨越城市交通干道；以公共交通为主要方式的上下班活动，应保证公共交通站点距离居民点的距离不宜过大等。这就涉及配建公共设施的有效服务半径的问题。服务半径是指各项公共设施所服务范围的空间距离或时间距离，这个指标受居民人口

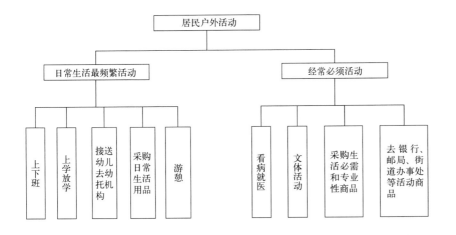

图 2-1 居民户外活动
内容示意图
(资料来源:李德华.城市规划原理:第3版[M].北京:中国建筑工业出版社,2001:378)

规模和公共设施自身体量规模影响。比较理想的规划结构是从两方面看都能满足相关指标的要求:一方面以家为中心起点,合理步行距离范围以内有相应需求的公共设施 (图 2-2);另一方面以公共设施为中心,居住区的各处住宅均应覆盖在同类设施的有效服务半径范围之内 (图 2-3),可有重叠,但不漏、不缺。

居住区规划设计是一个不断实现规划目标的工作过程,而规划结构是其中一个的重要因素。在实际工作中,做居住区规划设计构思的第一步往往就是如何组建一个合理的规划结构。居住区的构成要素一般情况下可以理解为包含用地、设施、交通、景观和空间五个部分。这五个部分相互交叉、联系、作用、影响,共同组建起了一个内容复杂程度不同,功能有级别之分的结构关系,其中常常以公共交通组织 (道路) 和配套设施为框架和节点,这也是居住区规划设计的主要工作内容。除此之外,居住区基地环境、自然地形、行政管理体制、城市规模以及其他现状条件也对其规划结构有不同程度的影响。

## 1.2.1 用地

不同人口规模的居住区其用地应达到相应规模,这其中除了住宅用地,也包含了为满足居民的日常生活需求所需的配套设施用地、公共绿地以及城市道路用地。居住区内各项用地应在相应分级的配置建议基础上,充分考虑对象居住区的土地利用方式和效益、功能侧重、居住密度、社区生活、室外

图 2-2 配建公共设施
合理步行时间示意
图 (左)
图 2-3 公共设施服
务半径覆盖示意图
(右)

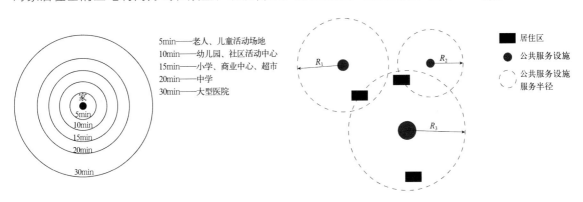

环境质量和文脉特点等多方面因素。其中，公共绿地指为居住区配套建设、可供居民游憩或开展体育活动的公园绿地。为了保证居民健康、良好的生活环境，公共绿地应集中设置且具有一定规模，具体标准在第6单元进行详细讲解。

有了这些指标的控制，同等规模的不同居住区的规划结构在指标体系里就有了相同的标准，这对一定规模居住区规划结构形式形成了间接的限定。当然，由于对象居住区的基地区位和居住人口结构的不同，导致其对居住区的公共服务、室外环境以及交通设施等存在不同需求，从而对居住密度的技术经济指标产生不同的影响，其内容包括人口密度、人均用地、建筑密度、容积率、建筑面积等，表2-1就是对不同高度等级居住区的容积率要求。这些影响可能导致最终的居住区用地配置有侧重差异，随之产生居住环境品质以及规划结构的基本形式和布局形态的不同。例如老年社区，由于其特定的居住人口年龄结构，住区的绿地率需要有目的地提高；城市中心区或城市公共基础设施较完善区域的新居住区由于已经具备了部分生活配套设施且土地价值较高，在用地上则需侧重考虑住宅用地，适当提高建筑密度等，这些都会对居住区规划结构、布局形态以及环境品质产生不同程度的影响。

居住区容积率控制指标　　　　　　　　　　　　表2-1

| 建筑气候区划 | 住宅建筑平均层数类别 | 十五分钟生活圈居住区 | 十分钟生活圈居住区 | 五分钟生活圈居住区 | 居住街坊 |
|---|---|---|---|---|---|
| I、VII | 低层（1～3层） | | 0.8～0.9 | 0.7～0.8 | 1.0 |
| | 多层I类（4～6层） | 0.8～1.0 | 0.8～1.1 | 0.8～1.1 | 1.1～1.4 |
| | 多层II类（7～9层） | 1.0～1.1 | 1.1～1.2 | 1.2～1.3 | 1.5～1.7 |
| | 高层I类（10～18层） | 1.1～1.4 | 1.2～1.6 | 1.4～1.8 | 1.8～2.4 |
| | 高层II类（19～26层） | | | | 2.5～2.8 |
| II、VI | 低层（1～3层） | | 0.8～0.9 | 0.8～0.9 | 1.0～1.1 |
| | 多层I类（4～6层） | 0.8～1.0 | 0.9～1.1 | 0.9～1.2 | 1.2～1.5 |
| | 多层II类（7～9层） | 1.0～1.2 | 1.2～1.3 | 1.2～1.4 | 1.6～1.9 |
| | 高层I类（10～18层） | 1.2～1.4 | 1.3～1.7 | 1.5～1.9 | 2.0～2.6 |
| | 高层II类（19～26层） | | | | 2.7～2.9 |
| III、IV、V | 低层（1～3层） | | 0.8～0.9 | 0.8～0.9 | 1.0～1.2 |
| | 多层I类（4～6层） | 0.9～1.1 | 0.9～1.2 | 1.0～1.2 | 1.3～1.6 |
| | 多层II类（7～9层） | 1.1～1.3 | 1.2～1.4 | 1.3～1.6 | 1.7～2.1 |
| | 高层I类（10～18层） | 1.2～1.5 | 1.4～1.8 | 1.6～2.0 | 2.2～2.8 |
| | 高层II类（19～26层） | | | | 2.9～3.1 |

注：1.居住区用地容积率是生活圈内，住宅建筑及其配套设施地上建筑面积之和与居住区用地总面积的比值。

　　2.居住街坊住宅用地容积率是居住街坊内，住宅建筑及其便民服务设施地上建筑面积之和与住宅用地总面积的比值。

　　3.此表中居住街坊不含住宅建筑采用低层或多层高密度布局形式的居住街坊，这部分数据请见第1单元相关内容。

## 1.2.2　配套设施的分级与布局

居住区配套设施按照其使用功能和性质可分为公共管理与公共服务设施、交通场站设施、商业服务业设施、社区服务设施和便民服务设施五大类若干小项（表2-2）。配套设施是构成居住社区的核心元素，其内容、数量和形式与住宅、道路和绿化等同步建设，紧密结合，以满足居民物质与精神文化生活的多层次需求，直接影响着规划结构和功能布局。

配套设施的服务半径是衡量其服务规模的重要指数。服务半径指各项设施所服务范围的空间距离或交通时间距离。确定各项设施服务半径的主要依据一是被使用的频率或数量；二是服务设施的规模效益；三是使用人口。满足居民在相应设施的服务半径以内是居住区布局考虑的重要内容。不同类型的配套设施都有其相应的服务半径限制，这代表了在城市环境和社会形态下，我们对其有效运行的认可，也因此配套设施对于规划结构的影响是非常重要甚至是决定性的。公共服务设施通常采用成套分级、集中与分散相结合的布置方式，并在不同级别规模的居住区呈现不一样的侧重和布局影响。在这当中，教育设施和商业服务设施由于直接关系到居民日常生活，成为主要的影响因素。

（1）十五分钟和十分钟生活圈居住区配套设施

十五分钟和十分钟生活圈居住区配套设施应根据其服务半径相对居中布局，具体内容见表2-3。其中，文化活动中心、社区服务中心（街道级）、街道办事处等服务设施宜联合建设并形成街道综合服务中心，其用地面积不宜小于1hm²。

配套设施控制指标（m²/千人）　　　　　　　　　　　　　　　　　　表2-2

| 类别 | | 十五分钟生活圈居住区 | | 十分钟生活圈居住区 | | 五分钟生活圈居住区 | | 居住街坊 | |
|---|---|---|---|---|---|---|---|---|---|
| | | 用地面积 | 建筑面积 | 用地面积 | 建筑面积 | 用地面积 | 建筑面积 | 用地面积 | 建筑面积 |
| 总指标 | | 1600~2910 | 1450~1830 | 1980~2660 | 1050~1270 | 1710~2210 | 1070~1820 | 50~150 | 80~90 |
| 其中 | 公共管理与公共服务设施 A类 | 1250~2360 | 1130~1380 | 1890~2340 | 730~810 | — | — | — | — |
| | 交通场站设施 S类 | — | — | 70~80 | — | — | — | — | — |
| | 商业服务业设施 B类 | 350~550 | 320~450 | 20~240 | 320~460 | — | — | — | — |
| | 社区服务设施 R12、R22、R32 | — | — | — | — | 1710~2210 | 1070~1820 | — | — |
| | 便民服务设施 R11、R21、R31 | — | — | — | — | — | — | 50~150 | 80~90 |

注：1.十五分钟生活圈居住区指标不含十分钟生活圈居住区指标，十分钟生活圈居住区指标不含五分钟生活圈居住区指标，五分钟生活圈居住区指标不含居住街坊指标。

　　2.配套设施用地应含与居住区分级对应的居民室外活动场地；未含高中用地、市政公用设施用地，市政公用设施应根据专业规划确定。

（资料来源：城市居住区规划设计标准：GB 50180—2018[S].北京：中国建筑工业出版社，2018：14）

## 十五分钟生活圈居住区、十分钟生活圈居住区配套设施设置规定    表2-3

| 类别 | 序号 | 项目 | 十五分钟生活圈居住区 | 十分钟生活圈居住区 | 备注 |
|---|---|---|---|---|---|
| 公共管理和公共服务设施 | 1 | 初中 | ▲ | △ | 应独立占地 |
| | 2 | 小学 | — | ▲ | 应独立占地 |
| | 3 | 体育馆（场）或全民健身中心 | △ | — | 可联合建设 |
| | 4 | 大型多功能运动场地 | ▲ | — | 宜独立占地 |
| | 5 | 中型多功能运动场地 | — | ▲ | 宜独立占地 |
| | 6 | 卫生服务中心（社区医院） | ▲ | — | 宜独立占地 |
| | 7 | 门诊部 | ▲ | — | 可联合建设 |
| | 8 | 养老院 | ▲ | — | 宜独立占地 |
| | 9 | 老年养护院 | ▲ | — | 宜独立占地 |
| | 10 | 文化活动中心（含青少年、老年活动中心） | ▲ | — | 可联合建设 |
| | 11 | 社区服务中心 | ▲ | — | 可联合建设 |
| | 12 | 街道办事处 | ▲ | — | 可联合建设 |
| | 13 | 司法所 | ▲ | — | 可联合建设 |
| | 14 | 派出所 | △ | — | 宜独立占地 |
| | 15 | 其他 | △ | △ | 可联合建设 |
| 商业服务业设施 | 16 | 商场 | ▲ | ▲ | 可联合建设 |
| | 17 | 菜市场或生鲜超市 | — | ▲ | 可联合建设 |
| | 18 | 健身房 | △ | △ | 可联合建设 |
| | 19 | 餐饮设施 | ▲ | ▲ | 可联合建设 |
| | 20 | 银行营业网点 | ▲ | ▲ | 可联合建设 |
| | 21 | 电信营业场所 | ▲ | ▲ | 可联合建设 |
| | 22 | 邮政营业场所 | ▲ | — | 可联合建设 |
| | 23 | 其他 | △ | △ | 可联合建设 |
| 市政公用设施 | 24 | 开闭所 | ▲ | △ | 可联合建设 |
| | 25 | 燃料供应站 | △ | △ | 宜独立占地 |
| | 26 | 燃气调压站 | △ | △ | 宜独立占地 |
| | 27 | 供热站或热交换站 | △ | △ | 宜独立占地 |
| | 28 | 通信机房 | △ | △ | 可联合建设 |
| | 29 | 有线电视基站 | △ | △ | 可联合建设 |
| | 30 | 垃圾转运站 | △ | △ | 应独立占地 |
| | 31 | 消防站 | △ | — | 宜独立占地 |
| | 32 | 市政燃气服务网点和应急抢修站 | △ | △ | 可联合建设 |
| | 33 | 其他 | △ | △ | 可联合建设 |
| 交通场站 | 34 | 轨道交通站点 | △ | △ | 可联合建设 |
| | 35 | 公交首末站 | △ | △ | 可联合建设 |
| | 36 | 公交车站 | ▲ | ▲ | 宜独立设置 |
| | 37 | 非机动车停车场（库） | △ | △ | 可联合建设 |
| | 38 | 机动车停车场（库） | △ | △ | 可联合建设 |
| | 39 | 其他 | △ | △ | 可联合建设 |

注：1.▲为应配建的项目；△为根据实际情况按需配建的项目。

2.在国家确定的一、二类人防重点城市，应按人防有关规定配建防空地下室。

（资料来源：城市居住区规划设计标准：GB 50180—2018[S].北京：中国建筑工业出版社，2018：22-23）

（2）五分钟生活圈居住区配套设施

五分钟生活圈居住区配套设施的设置与布局主要考虑便于居民使用，且资源合理配给，用设计引导居民日常生活行为，鼓励居民参与使用。具体内容可参见表2—4，其中，社区服务站、文化活动站（含青少年、老年活动站）、老年人日间照料中心（托老所）、社区卫生服务站、社区商业网点等服务设施宜集中布局、联合建设，并形成社区综合服务中心，其用地面积不宜小于0.3hm²。

五分钟生活圈居住区配套设施设置规定                          表2—4

| 类别 | 序号 | 项目 | 五分钟生活圈居住区 | 备注 |
|------|------|------|------|------|
| 公共管理和公共服务设施 | 1 | 社区服务站<br>（含居委会、治安联防站、残疾人康复室） | ▲ | 可联合建设 |
| | 2 | 社区食堂 | △ | 可联合建设 |
| | 3 | 文化活动站（含青少年活动站、老年活动站） | ▲ | 可联合建设 |
| | 4 | 小型多功能运动（球类）场地 | ▲ | 宜独立占地 |
| | 5 | 室外综合健身场地（含老年户外活动场地） | ▲ | 宜独立占地 |
| | 6 | 幼儿园 | ▲ | 宜独立占地 |
| | 7 | 托儿所 | △ | 可联合建设 |
| | 8 | 老年人日间照料中心（托老所） | ▲ | 可联合建设 |
| | 9 | 社区卫生服务站 | △ | 可联合建设 |
| | 10 | 社区商业网点（超市、药店、洗衣店、美发店等） | ▲ | 可联合建设 |
| | 11 | 再生资源回收点 | ▲ | 可联合设置 |
| | 12 | 生活垃圾手机站 | ▲ | 宜独立设置 |
| | 13 | 公共厕所 | ▲ | 可联合建设 |
| | 14 | 公交车站 | △ | 宜独立设置 |
| | 15 | 非机动车停车场（库） | △ | 可联合建设 |
| | 16 | 机动车停车场（库） | △ | 可联合建设 |
| | 17 | 其他 | △ | 可联合建设 |

注：1.▲为应配建的项目；△为根据实际情况按需配建的项目。

2.在国家确定的一、二类人防重点城市，应按人防有关规定配建防空地下室。

（资料来源：城市居住区规划设计标准：GB 50180—2018[S].北京：中国建筑工业出版社，2018：24）

（3）居住街坊配套设施

居住街坊配套设施主要是一些便民服务设施，包括物业管理与服务、儿童及老年人活动场地、室外健身器械、便利店（菜店、日杂等）、邮件和快递送达设施、生活垃圾收集点、居民非机动车和机动车停车场（库）等。其中，儿童及老年人活动场地和生活垃圾收集点宜独立设置。

### 1.2.3 道路

居住区道路是城市道路的一部分，是影响住区环境的核心因素之一，在规划结构的确定上起重要作用。居住区道路系统既是居民日常生活不可或缺的活动通道，承载着最基本的交通功能，又是区域空间框架，组织住区中各个功能板块。

居住区道路系统的组织有人车混流和人车分流两种基本形式；从形态布局上看，其路网布置有环通式（图2-4）、半环式（图2-5）、尽端式（图2-6）以及这三种形式相结合的混合式、自由式等。居住区内道路规划设计的基本原则是安全便捷、尺度适宜、公交优先、步行友好。设计工作中需要根据居住区地形、气候、用地规模、周边环境、城市交通系统等因素，合理选择适宜的居住区道路系统。

### 1.2.4 绿地

居住区内绿地应包括公共绿地、宅旁绿地、配套公建所属绿地和道路绿地，其建设原则是适用、美观、经济和安全。在规划设计时应尽量考虑保留和利用已有树木；选择适宜当地气候和土壤条件、对居民无害的植物品种；尽可能地扩大绿化面积，必要时可采用立体绿化等方式增加环境绿量。居住区的绿地景观环境设计应充分考虑海绵城市的理念和技术，结合场地排水进行设计，多采用多种具有调蓄雨水功能的绿化方式。

### 1.2.5 户外景观

户外景观的布局原则是结合居住区人行步道和绿地系统整体考虑设置，具有良好的步行可通达性，鼓励居民参与到景观环境中来活动。其中幼儿和儿童主题的景观场地应更接近住宅以便于监护；青少年活动景观的设计和选址应尽量避免对居民日常生活产生干扰；而老年人参与较多的户外景观应尽量集中安排，以便于根据人群特点做景观的特殊处理。随着国民生活水平的提高，人们对于人居环境的要求也不再是有一居所即可，对其户外景观环境也是有一定人文或精神要求的。在这样的市场环境下，主题得当，表现出色的户外景观是居住区项目不可或缺的闪光点。

图2-4 环通式道路系统：上海三林苑小区（左）

（资料来源：同济大学建筑城规学院.城市规划资料集：第七分册城市居住区规划[M].北京：中国建筑工业出版社，2005：176）

图2-5 半环式道路系统（中）

（资料来源：胡纹.居住区规划原理与设计方法[M].北京：中国建筑工业出版社，2007：74）

图2-6 近端式道路系统：宁波云龙小康居住小区（右）

（资料来源：胡纹.居住区规划原理与设计方法[M].北京：中国建筑工业出版社，2007：75）

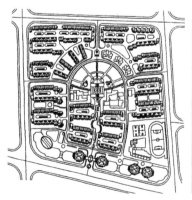
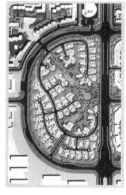
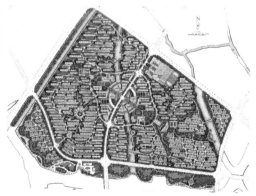

## 1.3 各元素空间布局的层次与组合

### 1.3.1 空间层次

居住区各个层次的空间构建应遵循私密空间—半私密空间—半公共空间—公共空间的分区和递进衔接关系，妥善处理各层次空间之间的过渡衔接，保证各层次空间能够顺畅互通的同时，具有相对完整的活动区域。分开来考虑，则需要控制各类空间的尺度、围合程度、形状比例以及其步行可达的难易程度。

### 1.3.2 空间轴线

通过轴线构图组织居住区空间是居住区规划设计中常用的手法，我们根据既定的规划组织结构和基地周边环境确定空间层次和景观结构，然后沿着划定的空间轴线将多元素整合为一体，统一考虑，展开布置。空间轴线如线索般将若干空间要素串联在一起，这也成为居住区中各功能空间内在和外在联系的一种方式，促进居住区功能空间形成有机组合。居住区的空间轴线根据内容和形式的不同可以分为很多种，主要可以归纳为以下几类：

功能分类——商业轴、文化轴、景观轴等。功能性的轴线往往鼓励居民参与其中，营造活跃开放的公共空间，是居住区社会交往的重要场所，故这类型轴线空间的设计需充分考虑怎样便于和引导居民交流。这类型空间轴线的规划结构非常适合规模尺度较大的居住区（图2-7），点式中心功能景观布置会导致一定程度的资源分配不均衡，而通过线型轴线组织功能空间，能够合理将资源展开布置，又能统筹考虑、有机联系，有效地解决了由于位置尺度导致的资源差异问题。

形式分类——街道轴、视线轴、居民活动轴、户外空间轴等。这类空间轴线在设计之初的出发点就非常明确，为突出形式主题，所集合的空间定位也很明确。例如，居民活动轴就会有安排众多居民活动项目，包括下棋、遛鸟、唱歌、打篮球等活动，沿轴线展开布置；户外空间轴就会将居住区等主要户外活动空间集中沿轴布置；视线轴线则会在景观处理上重点考虑某一角度的景观视觉效果。但是单一明确的目的往往不能给空间轴线带来丰富的内容，所以轴线规模不宜过大（图2-8、图2-9）。

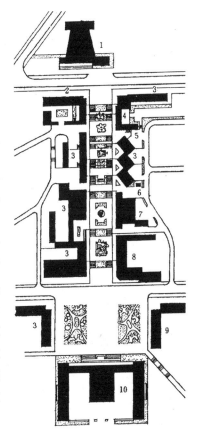

图2-7 渡口市炳草岗一区居住区中心

（资料来源：同济大学建筑城规学院.城市规划资料集：第七分册城市居住区规划[M].北京：中国建筑工业出版社，2005:83）
1.电影院；2.服务大楼；3.商店；4.冷饮、小吃；5.茶馆；6.公厕；7.百货商店；8.邮电大楼；9.银行；10.科技馆

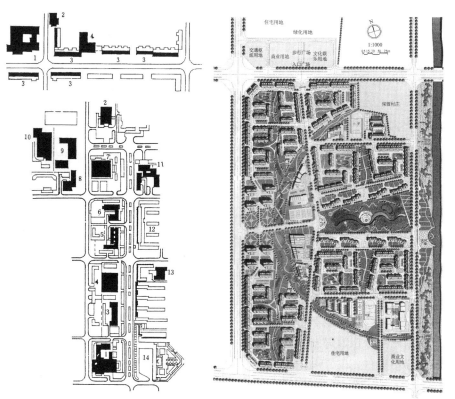

图 2-8 上海天山新村居住区中心（左上）

（资料来源：同济大学建筑城规学院．城市规划资料集：第七分册城市居住区规划[M]．北京：中国建筑工业出版社，2005：82）
1．电影院；2．浴室；3．商店；4．饭店

图 2-9 辽阳石化总厂居住区中心（左下）

（资料来源：同济大学建筑城规学院．城市规划资料集：第七分册城市居住区规划[M]．北京：中国建筑工业出版社，2005：82）
1．剧场；2．电影院；3．百货商店；4．副食店；5．饮食；6．旅馆；7．体育馆；8．科技馆；9．少年宫；10．游泳池；11．邮电银行；12．商店；13．浴室；14．文化宫广场

图 2-10 昆明市北市区经济适用示范居住区（右）

（资料来源：胡纹．居住区规划原理与设计方法[M]．北京：中国建筑工业出版社，2007：76）

规模分类——贯穿性长轴、内部短轴等。轴线的规模可以由多方面进行评估，包括线型长度、直线距离、串联内容数量、集成空间总容量等。我们一般将一个居住区内规模较大的一条轴线定为主轴线，其他与之连接的规模相对较小的轴线为次轴线，如图 2-10 所示。居住区的主轴线常常呈现贯穿整个居住区或者一定程度围合住区的状态，所以建议一个居住区的主要轴线数量控制在 1~2 条，可以相互垂直，形成横向轴线和纵向轴线，若过多则会显得空间杂乱无章、无主次逻辑。

### 1.3.3 空间节点

居住区空间景观组织宜讲究点—线—面的关系，由空间轴线串联起各个节点，再服务于居住区的一个面（图 2-11）。有时候整个居住区规划结构中，

图 2-11 居住区空间节点

找不到一条明确的物质轴线，例如道路、绿化带等，但是通过景观节点和公共设施等有机排列，可以形成一条内在的居民活动轴线；还有一些情况，景观节点就在两条空间轴线的交点处。需要注意的是，一个居住区内的空间节点一定要有主有次，层次分明，均衡搭档，就像一曲乐章，要有突出的重音，也需要配合的弱音，否则整个景观组织就会失去重点，或者内容冗繁、令人审美疲惫。

# 2 居住区的物质系统和社会系统

## 2.1 居住区的物质系统

居住区的物质基础大致由住宅用地、配套设施用地、道路用地和公共绿地，以及与之相对应的住宅建筑、公共建筑、道路交通设施以及公共绿化几个部分组成，其内部都存在一个等级明确的层次机构，服务于对应人群。

### 2.1.1 住宅与住宅用地系统

住宅指居住建筑，范围包括居住建筑物本身以及附属的构筑物、道路和绿地。一个居住区的住宅可以有多种类型，包括高层、多层、低层建筑等，这个可以根据地块容积率、密度等技术经济指标要求和项目定位来选择搭配。而不同的搭配布局产生不同的开发强度，这会反向影响地块的局部容积率、密度、绿化等指标。

### 2.1.2 道路与停车设施系统

居住区道路连接着城市市政交通，同时也如骨架般连接和支撑着住区内的各级停车设施；反之，居住区的停车设施系统设计也直接影响着住区道路的规划格局（图2-12）。道路与居住区停车设施系统的关系就是点——线之间的关系，"点"的布局影响着"线"的走形；"线"的组织同时也影响着"点"的使用。

### 2.1.3 公共建筑与配套设施系统

居住区的公共建筑属于配套设施，是整个配套设施系统的重要组成部分，直接决定了住区公共服务质量。而在实际设计工作中，我们首先确定居住区配套设施系统，再根据其标准、数量、等级等参数设计公共建筑。

图2-12 居住区道路与停车设施系统

### 2.1.4 绿地与室外环境系统

居住区绿地的主要功能分为两类，一类是营造自然环境，另一类是构建居民户外活动环境。绿地主要包括公共绿地、宅旁绿地、配套公建所

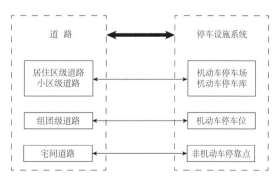

属绿地和道路绿地四类，其形式以居住区公园为主。居住区室外开放空间的设置须满足居民各种游憩活动的需求，包括儿童游戏、运动、健身、散步、休息、游览、娱乐、文化等，这是一个需统筹设计的完整系统。

## 2.2 居住区的社会系统

### 2.2.1 生活保障系统

居住区生活保障系统包含满足居民生活的基本服务保障、通行条件保障、义务教育保障、住房保障、环境卫生保障、安全保障以及健康保障。满足以上一切，不仅需要物质条件上的居住区住宅建筑、配套设施、绿地环境等，更需要软性资源，如物业管理、社区民政服务、社区卫生服务、教育管理、城市环卫管理、市政管理等协同作业，提供生活保障。

### 2.2.2 教育就业系统

社区的教育系统主要是配建相应的教育机构以及组织从幼儿教育到成人教育的完整内容，其中，中小学和幼托的设置非常重要；而成人继续教育，包括老年大学等教育内容，对于社区环境的健康发展同样重要。

一个良好的社区环境应该是一个多样化、极具包容性的居住社区，这样的住区环境往往能够提供多样化的就业机会。所谓安居乐业，居民一定要住有所居，同时务有所业，社会环境才能良性健康地发展。社区的就业环境，包括就业岗位数量、就业指导、就业服务、失业再就业服务等，这些内容形成一个完善的系统，也许只占据着居住区公共建筑的一小间办公室，却发挥着巨大的作用。

### 2.2.3 社交活动参与系统

居住区是社会大系统与家庭之间的纽带，公平共享是居住社区存在的重要基础。居住区室外景观、场地从设计上鼓励居民尽可能地参与到其中，共享空间，共同交流。空间景观的设计通过为居民活动提供尽可能多的可能性，或者根据建筑心理学原理做有目的性的设置，再或者直接给某个场地设定一个主题，努力将使用者带入到景观中参与交流活动。而整个居住区的室外景观设计要根据住区社交活动参与的系统设定，统筹考虑，整体布局。

### 2.2.4 社区运营系统

运营系统是居住区维持维护和改善发展的基础，居住区各项职能通过这个系统得以发挥作用，各项公共服务设施得以运作，居民利益得以保障。以上提及的居住区生活保障、教育就业、交流活动等系统的建立和良好运转都需要运营系统的统筹协调和经营。

随着我国社会经济文化的发展，社会大环境形态发生改变，主要矛盾也发生了变化，社区的职能将会越来越综合化和多元化。在这个过程中，网络型的社区系统结构将发挥更大的作用。而网络型社区运营系统建立的几个前提条件是：

（1）各子系统有相对分工；

（2）各子系统本身可一定程度扩展；

（3）各子系统之间有交互作用；

（4）社区所有居民对整个网络系统权益公平共享。

# 3 居住区规划结构的形式

最新执行的《城市居住区规划设计标准》GB 50180—2018 按照居民在合理的步行距离内满足基本生活需求的原则，将居住区划分为十五分钟生活圈居住区、十分钟生活圈居住区、五分钟生活圈居住区以及居住街坊四个等级。这四个等级均在步行可达的活动内容上有明确界定，即分级配建的配套设施是有具体项目规定的。根据这一特征，居住区规划结构的基本形式可概况为图 2—13~ 图 2—16 所示。

居住区划分的四个规模等级一起作用，可以有多种结构形式。未来的居住区规划设计工作还会探索出更多结构形式以满足不同居住人群的需求。

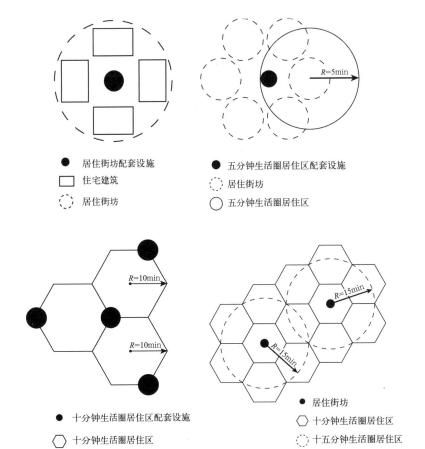

图 2—13 居住街坊结构示意图（左）

图 2—14 五分钟生活圈居住区结构示意图（右）

图 2—15 十分钟生活圈居住区结构示意图（左）

图 2—16 十五分钟生活圈居住区结构示意图（右）

# 4　居住区规划结构的布局形态

## 4.1　向心型

　　将居住空间围绕占主导地位的特定空间要素组合排列，表现出明显的向心性，引导居民活动向心发展，并辅以自然顺畅的环形路网围合强调向心的空间布局，如图 2-17 所示。向心式布局常常选取具有特征的自然地理地貌，如山体、水体等为构图中心，或认为给定主题建造围合中心，结合配建居民物质和文化生活所需的公共服务设施，形成居住区中心。更低一级的分区可以围绕中心空间布置，既可以采用同样的住宅选型和组合形式以统一风格，也可以选用不同类型的居住建筑和组织形态以分部分管理或丰富视觉效果，强化可识别性。

　　优点：居住区建设可分步实施，后阶段实施过程中对前阶段已完成部分居民生活的影响较小，开发灵活性强。

　　缺点：居住区资源分配相对较难均衡，特别是景观和绿地。

图 2-17　南昌九里象湖城

（资料来源：胡纹．居住区规划原理与设计方法[M]．北京：中国建筑工业出版社，2007:91）

## 4.2　围合型

　　住宅建筑沿居住区基地外围周边布置，共同围绕一个中心空间，但四周分布一些次要空间，所构成的居住区空间无明确方向性。其主入口可根据基地

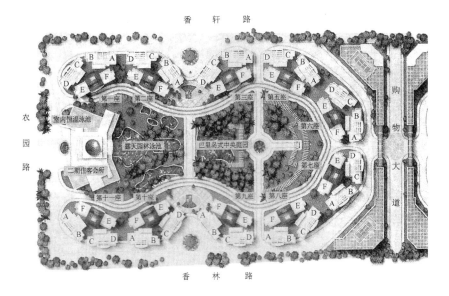

图 2-18 深圳东海园
规划方案
(资料来源:胡纹.居住区规划原理与设计方法[M].北京:中国建筑工业出版社,2007:92)

周边环境和条件在居住区外围择机设置。建筑围绕中心形成的主导空间一般尺度相对较大,形态上统领着次要空间(图2-18)。

优点:围合型布局的居住区有条件设置较宽阔的绿地,空间舒展,为住区景观设计提供了富裕的尺度可能性。日照、通风和视觉环境相对较好,有利于更好地组织居民社交和文化体育等活动。同时,围合式的建筑布局还提高了居住区内部环境的安全度。

缺点:这类型的居住区建筑密度和容积率普遍较大。设计难度相对提升,为保障围合的中心环境,须努力控制建筑高度和建筑间距,又要把握一定尺度感,不能产生巨型空间喧宾夺主,违背室外空间相应的等级要求。

## 4.3 轴线型

空间轴线一般可以设定为线型的道路、绿地、水体或硬质景观等,此类元素对空间的组织具有很强的控制力和导向性。所以轴线设计手法作为控制城市空间的重要方法,不仅适用于城市中心景观、广场等,也适用于居住区规划设计。通过轴线的线型引导,串联起若干个主要节点和次要节点。轴线本身可以是明确的直线(图2-19),也可以是局部蜿蜒的多段曲线(图2-20)。

优点:空间组织有序,逻辑清晰,层次分明,整个居住区的呈现井然有序,跌落有致,主次得当。

缺点:景观和建筑沿线型分布,公共服务设施无法集中设置;若线状尺度过长,则会首尾相距遥远,不便于小区集中管理。

## 4.4 集约型

随着城市化的进程,城市土地特别是城市中心区的土地越发寸土寸金,

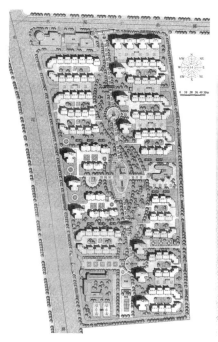

图 2—19 本溪华夏花
园规划方案（左）
（资料来源：胡纹.居住
区规划原理与设计方法
[M]. 北京：中国建筑工业
出版社，2007:96)

图 2—20 本溪华夏花
园规划方案（右）
（资料来源：胡纹.居住
区规划原理与设计方法
[M]. 北京：中国建筑工业
出版社，2007:94)

于是将住宅和公共服务配套设施集中布置
的紧凑集约型居住区成为目前很多开发项
目的选择。不仅如此，我们依靠建筑科技
的发展，还可以大力开发集约型居住建筑
的地下空间，达到地上、地下空间垂直贯
通的效果。同时结合建筑打造周围室外空
间，使室外空间与室内空间相互延伸、相
互渗透，形成功能完善、空间流动的集约
式整体布局空间（图 2—21）。

图 2—21 香港置富花
园规划方案
（资料来源：胡纹.居住
区规划原理与设计方法
[M]. 北京：中国建筑工业
出版社，2007:104)

优点：节约用地，尤其对于旧区改
建和城市中心区等用地紧张的区域有明
显优势。可开发较大面积地下空间加以
利用。

缺点：集约型布局多数采用高层建筑或超高层建筑，居住区容积率提高。
大部分情况下，其局部人口密度偏高，居住品质降低。

## 4.5　片块型

片块型布局是传统居住区最常见的规划布局形态。住宅建筑以日照间距为
主要定位依据，按照一定逻辑排列组合，形成一片整齐排列的群体。其排列形
式弱化主次等级，追求成片成块(图 2—22)。所以，在住宅建筑排列组合的过程中，
需适当控制相同排列方式建筑的数量和空间位置，尽量按居住街坊区域为单位

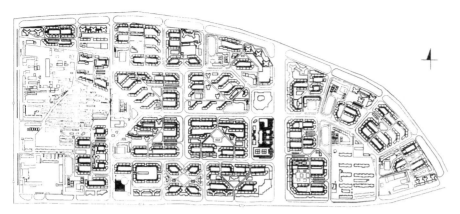

图 2-22 吉林通潭大路居住区规划方案

（资料来源：胡纹．居住区规划原理与设计方法[M]．北京：中国建筑工业出版社，2007:100)

变换建筑组合方式，以提高可识别度。另外，建议在各居住街坊之间设置绿地、水体、公共设施或者道路等进行软性分隔，保证其内部的整体性和私密性。

优点：各居住街坊之间相对独立，便于项目分期开发施工，特别适用于大型居住区项目。

缺点：各居住街坊无主次之分，居住区整体缺乏层次感。

## 4.6 隐喻型

隐喻型布局是将某具象形态作为创作原型，在概括、提炼和一定程度的抽象处理后，用建筑和景观的设计语言表达出来。这种赋予空间环境一定涵义的做法，目的是使人在视觉和心理上都能产生识别和联想，最后领悟，从而增强空间环境的感染力。但居住区规划设计毕竟与单纯的艺术创作有区别，设计工作要求使用隐喻型布局形态时，对具象形态的概括和提炼一定要简洁明了，既要让人易懂，又要有一定的技术抽象出来，不宜在较大尺度范围内照搬事物原型进行构图布局。

优点：赋予空间文化感染力，居民使用时视觉和心理都更易融入设计语言的叙事中，产生共鸣和互动。

缺点：很容易因设计手法未控制好，居住区整体设计显得刻意做作，流于形式。

## 4.7 综合型

综合型布局指兼有多种形式的布局方式，形成组合式或自由式的形态，如图 2-23 所示。在实际规划设计工作中，这种包含多种布局形式的综合型形态常常会以一种布局形式为主。

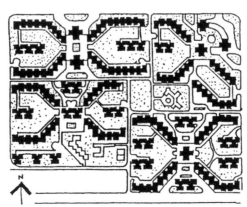

图 2-23 深圳园岭居住区

（资料来源：同济大学建筑城规学院．城市规划资料集：第七分册城市居住区规划[M]．北京：中国建筑工业出版社，2005：69)

## 5　居住区规划结构的发展

家用汽车的普及为传统居住区结构带来了革命性的变化。20 世纪以来，部分发达资本主义国家在住区规划建设的实践工作中做了很多尝试，也先后对住区规划结构进行了多方面的探索。这其中就产生了极具影响的几个住区结构模式，包括：郊区整体规划社区模式（Suburban Master-planned Community）、邻里单位模式（Neighborhood Unit）、居住开发单元模式（Housing Estate）、"扩大小区"与"居住综合区"模式、新城市主义模式（New Urbanism）。我国在过去的很长一段时间里使用的是居住区—居住小区—居住组团结构的规划设计。

### 5.1　郊区整体规划社区模式（Suburban Master-planned Community）

这种模式是由奥姆斯特德（Olmsted）和沃克斯（Vaux）于 1868 年为美国伊利诺伊州的河滨小镇（Riverside）提出的设计原则，被后来业界称为美国最早有规划的住区模式，是之后一个多世纪众多城镇居住区发展的指导模板。其规划原则是采用曲线形的街道，尽端式道路，在交叉口形成三角形的绿化休憩空间，街道两侧铺满具有当地园艺特色的前院草坪，构成开放空间景观。街道树木成行，使连续转弯的道路不断给人以新的心理期待。在居住区中心，一个商店和一个列车换乘站构成小型商业中心，围绕这个中心修建学校、办公楼、休息场所，并在购物中心、就业中心、学校等区域设置足够宽敞的停车场地，保证机动车的可达性，区域内居民可自驾家用小汽车上下班和购物如图 2-24 所示。

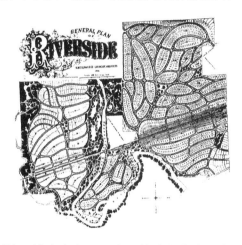

图 2-24　郊区整体规划社区模式案例——美国伊利诺伊州河滨小镇 Riverside (1869) 总平面图（规划师：Frederick Law Olmsted）

（资料来源：Franz Schulze, Kevin Harrington, et al.Chicago's Famous Buildings[M]. Chicago & London：The University of Chicago Press,1993：287）

从规划理念上看，郊区整体规划社区模式中出现了大量鼓励私家小汽车出行的设计，这与现在城市规划中鼓励使用公共交通出行的环保设计理念有一定区别。但是，我们必须结合规划当时的具体社会历史背景来看待这个问题。一个半世纪以前的美国，结束南北战争不久，整个社会经济和发展重点与现在不同，其公共交通体系也自然不能跟现在相比。

### 5.2　邻里单位模式（Neighborhood Unit）

美国人克拉伦斯·佩里（Clarence Perry）1929 年提出邻里单位（Neighborhood Unit）概念，主张以邻里单位作为组织居住区的基本元素，以避免由于汽车的迅速增长对居住环境带来的严重干扰。居住区内配置足够的生活服务设施，以满足居民在居住区内解决基本生活问题，鼓励居民参与公共生活，促进社会交往，密切邻里关系。邻里单位模式很重要的一个特点是整个居住区有明确的边界，区域内通过步行道路系统连接住宅与公共服务设施，包括小学、休闲设施和少量的社区商业等，形成一个开放空间体系，使所有公共服务设施均在步行可达范围以内（图2-25）。邻里单位模式提出了规划布局的六条基本原则：

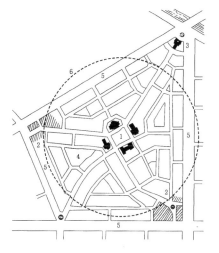

图2-25　佩里的邻里
单元示意图
1- 邻里中心；2- 商业和公寓；3- 商店或教堂；4- 绿地（占用地的10%）；5- 大街；6- 半径1/4英里
（资料来源：李德华. 城市规划原理：第3版. 北京：中国建筑工业出版社，2001：368）

　　（1）邻里单位周围由城市道路包围，城市道路不穿越邻里单位内部；

　　（2）邻里单位内部道路系统应限制外部车辆穿越，一般应采用尽端式道路，以保持区域内部的安静、安全的居住环境；

　　（3）以小学的合理规模为基础支撑邻里单位的人口规模，使小学生上学不必穿越城市道路，一般邻里单位的规模在5000人左右，规模小的3000~4000人；

　　（4）邻里单位的中心建筑是小学校，它与其他的居住区公共服务设施一起结合中心公共广场或绿地布置；

　　（5）邻里单位占地约160英亩（合64.75hm²），每英亩10户，保证儿童上学距离不超过半英里（0.8km）；

　　（6）邻里单位内的小学附近设有商店、教堂、图书馆和公共活动中心。

　　后来，克拉伦斯·斯坦因（Clarence Stein）和亨利·莱特（Henry Wright）以邻里单位理念为指导，规划设计了新泽西州的雷德邦（Radburn），成为邻里单位模式的经典案例。在雷德邦，每个街区都有一套景观化的开放空间和人行交通骨架，人车分流。域内主要道路均不穿越中心，沿外围绕行布局。所有住宅的前门都朝向人行绿化开放空间，后门则朝向停车场和机动车街道，居民驾车到达一处尽端式道路或停车院落后停车，然后直接进家门。人行步道和机动车道的相交处，采取人行系统下穿机动车道的方式避免人车混行；但是尽端式道路的尽端场地却可以作为活动场地使用。整个道路系统被设计成一个由服务院落、尽端路、邻里支路、邻里主路和连接购物区和就业区的车行道路等组成的体系，其内部有明确的分类和分级。

　　邻里单位的规划理念对世界各国的城市住区规划工作都产生了深远的影响，第二次世界大战之后的英国在新城建设中大量运用了这一规划结构模式，代表案例就是英国哈罗新城（图2-26）。

图2-26　英国哈罗新城规划结构图
（资料来源：李德华. 城市规划原理[M]. 北京：中国建筑工业出版社，2001：369）

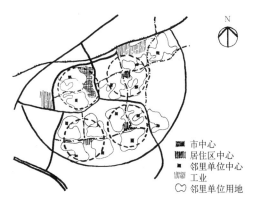

市中心
居住区中心
邻里单位中心
工业
邻里单位用地

## 5.3　居住开发单元模式（Housing Estate）

　　在邻里单位得到广泛认同和采用的同时，苏联提出了扩大街坊的规划原则，这与邻里单位的理论十分相似。之后不久，各国在居住区规划和建设实践中进一步总结提出了"居住开发单元"的组织结构形式，指以城市道路或自然界线划分，如河流、山坡、湖泊等，且不被城市交通干道所穿越的完成地块，其规模一般以配建小学的最小规模为人口规模的下限。前苏联早在1958年批准的"城市规划修建规范"中就明确规定居住开发单元作为构成城市的基本单位，并对其规模、居住密度和公共服务设施的项目和内容等做出了详细的规定。由于我国和苏联的地缘关系，这一理念对我国20世纪中叶开始的居住区建设以及城市住区规划设计规范的制定产生了重要的影响。

## 5.4　"扩大小区"与"居住综合区"模式

　　城市规模的不断扩大和居住与工作地点分布的不合理，造成城市交通越来越拥挤和紧张。随着城市居住区改建的艰难程度不断攀升，以及居住区规划与建设实践中逐渐暴露出来的问题，例如小区内自给自足的公共服务设施中经济上的低效益，居民对使用公共服务设施缺乏选择的可能性等，一个具有更大灵活性的居住区组织结构形式被居民所需求。在这样的背景下，"扩大小区"、"居住综合体"以及各种内容性质的"居住综合区"的组织形式应运而生。

　　"扩大小区"设置在城市干道之间的区域，不明确划分居住小区的一种组织结构形式，其占地面积一般在100~150hm$^2$之间。"扩大小区"最大的特点就是公共服务设施，主要是商业服务设施，会结合公共交通站点布置在其边缘，也就是相邻扩大小区之间，这样两个小区居民可以共享且有选择地使用公共服务设施。在这一方面，英国的第三代新城蜜尔顿·凯恩斯（Milton Keynes）做了富有成果的探索（图2—27）。

　　"居住综合体"是指将居住建筑与为居民生活服务的公共服务设施整合成一个整体的综合大楼或建筑组合体。这种居住综合体在业界早起最有名的代表作变是法国建筑师勒·柯布西耶（Le Corbusier）于20世纪40年代末至50年代初设计的马赛公寓，这也是现在大量涌现的"城市综合体"的前身。"居住综合体"不仅为居民生活提供方便，而且还努力通过这种居住组织形式鼓励人们走出居所，相互交流和关心。这类居住组织形式另一个优点就是节约用地和提高土地的利用效益，这对于现在寸土寸金的大城市中心区域是极为重要的一点。

　　"居住综合区"是指居住和工作布置在一起的一种居住组织形式，有居住与无公害工业结合的综合区，还有居住与文化、商业服务、行政办公等结合的综合区。显然，居住综合区可以方便居民上下班，减少工作的交通时间，减轻城市交通压力。同时，由于区域内有不同性质的建筑进行综合布局，使城市建筑群空间的组合丰富多元，更加科学。

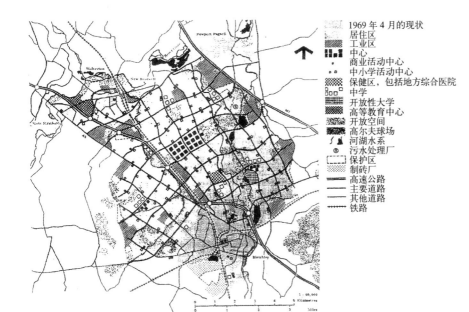

图2-27 英国米尔顿·凯恩斯新城用地规划结构图

(资料来源:张捷,赵民．新城规划的理论与实践——田园城市思想的世纪演绎[M].北京：中国建筑工业出版社，2005:107)

## 5.5 新城市主义模式（New Urbanism）

### 5.5.1 新城市主义的兴起与发展

20世纪80年代，美国兴起了"新城市主义"，分别以安德雷斯·杜安伊（Andres Duany）和伊丽莎白·普拉特·赞伯克（Elizabeth Plater—Zyberk）提出的新传统邻里区开发，以及彼得·卡尔索普（Peter Calthrope）倡导的公共交通导向型邻里区开发为代表。

新城市主义模式认为一个理想的邻里社区设计应该符合以下基本准则：

（1）有一个中心和一个明确的边界,每个邻里中心应该被公共空间所界定，并由地方性导向的市政和商业设施来带动；

（2）最优模式——由中心到边界到距离约为400m；

（3）各种功能活动达到一个均衡的混合——居住、购物、工作、就学、礼拜和娱乐；

（4）将建筑和交通建构在一个由相互联系的街道组成的精密网络之上，公共空间和公共建筑应优先考虑且有形存在，而不是取建造剩余下的场地随便安放。

### 5.5.2 新传统邻里模式

新传统邻里模式倡导一种尺度人性化的、行人友好的、带有公共空间和公共设施的物质环境,鼓励居民积极参加社会交往,从而形成良好的社区感（图2-28）。主要的设计特征有：

（1）相对自给自足的出行环境，住宅围绕城镇中心和商店布置；

（2）为人行和车行提供更多可选择的通行道路；

（3）设计可供行人、自行车、游戏以及机动车等共同使用的街道；

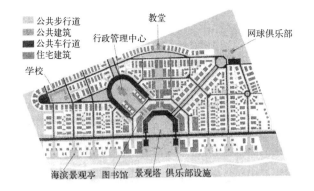

图 2-28 美国佛罗里达州海滨城 Seaside 居住区规划总平面图
（资料来源：Forum. That Small Town Feeling[J]. The Magazine of the Florida Humanities Council, Vol. XX, No. 1, Summer 1997）

（4）为了围合街道空间形成公共空间，建筑的道路退界较少，街道两侧住宅前栏离人行道较近。车库设置在住宅的背面并通过背街进入，从而减少车库通道在主要街道道路上的开口。

### 5.5.3　公共交通导向开发（Transit-oriented Development，TOD）

彼得·卡尔索普提出的"交通导向开发"基本模型，即 TOD 模型，利用了交通与土地使用之间的一个基本关系，主张将居住区开发集中在轨道交通沿线和公共交通网络的节点上，把大量人流发生点设置在距公共交通站点步行可达的范围内，鼓励居民更多地使用公共交通方式出行。如今，TOD 模式的居住区开发强调紧凑型增长、开放空间和可持续发展，在哥本哈根和斯德哥尔摩等北欧城市已成为区域性发展战略的关键，发挥着巨大的作用。目前国内一些城市规划师非常推崇 TOD 模式的居住区组织结构，他们认为这既能从一定程度上解决城市交通问题，又能鼓励居民尽量环保出行。

（1）规划机构特点。一个 TOD 就是一个各个功能空间围绕公共交通站点密集组合在一起的居住社区。一个典型的 TOD 居住区规模从 20~40hm² 不等，构成内容包括 1000~2000 户以公寓为主的不同类型住宅，居住区中心位置设公共交通站点。围绕中心位置布置商业服务区、办公楼、餐馆、文化设施和公用设施。公共服务设施设计人性化，具有独特和易识别的位置、形状和尺度，从而强调各种公共服务设施和公共空间中社区生活中的重要性。TOD 模式的中心精神是要将相对零碎的用地整合在一起，控制在距公共交通站点步行可达的距离范围以内布置居住建筑和公共服务设施。

（2）用地与开发密度。TOD 模式强调用地性质多样化，且规划以公共交通优先为原则。住宅到社区中心或公共交通站点的距离不超过 600m 或 10min 步行路程；公共交通站点之间的距离在 0.8~1.6km，车程不超过 10min；区域内机动车行驶速度不得超过 25km/h，内部服务性道路宽度不超过 8.5m。典型的 TOD 规划常常布置从社区中心或公共交通站点向四周的放射形街道，这种道路设计可以提高居民的交通效率，从构图上也更加强调了中心区域。TOD 居住区开发的密度控制在 25~60 户 /hm²，靠近公共交通站点的地方商业用地不少于 10%，中心区域 1.6km 范围内不再设置其他商业中心。

## 5.6 居住区—居住小区—居住组团

2018 年 12 月 1 日执行新的《城市居住区规划设计标准》之前，我国是按照居住区、居住小区（简称"小区"）和居住组团（简称"组团"）来划分居住区规模的。主要的规划结构有居住区—居住小区—居住组团、居住区—组团、小区—组团以及独立式组团等，可归纳为三级结构、二级结构和独立组团结构三种。其基本形式有：以小区为规划基本单位组织居住区（图 2—29），以组团为基本单位组织居住区（图 2—30），以组团和小区为基本单位组织居住区（图 2—31）。

居住小区一般的人口规模为 10000~15000 人、3000~5000 户，用地面积 10~65hm²，人均用地面积 10~43m²/人，被城市道路或者自然界线所围合。区域内有能够满足居民基本物质和文化生活的公共服务设施。以小区为规划基本单位组织居住区可以使居民的日常生活也得到保障，且便于对城市道路进行分级、分工和交通组织，减少区域内城市道路密度。小区的规模确定要结合各方面情况综合考虑，主要根据以下几个方面确定：一是基层公共服务设施配套的情况决定，力求经济合理；二是小区居民使用公共服务设施的便利程度；三是城市道路交通情况和自然地理条件；四是住宅建筑类型及其相应的人口密度。简单理解，可以理解为居住小区一般以一个小学的最小服务规模为其人口规模的下限；小区公共服务设施的最大服务半径为其用地规模的上限。

居住组团被小区级或居住区级道路分隔，人口规模一般为 1000~3000 人、300~1000 户，用地面积 0.8~9hm²，人均用地面积 8~30m²/人，区域内配建有居民所需的基层公共服务设施。以组团为规划基本单位的方式组织居住区时，可以不划分明确的居住小区用地界线范围，居住区直接由若干住宅组团组成，这属于二级结构。其居住区内设有居委会办公室、社区卫生服务中心、青少年和老年活动室、服务站、商店、托儿所、儿童或成年人活动休息场地、小块公共绿地、停车场（库）等，这些设施项目的服务对象就是本居委会所代表的居民群体。其他基层公共服务设施则根据居住区的特点按各自服务半径在居住区范围内统一考虑，均衡安排，灵活布局。

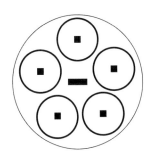

■ 居住区级公共服务设施
■ 居住小区级公共服务设施

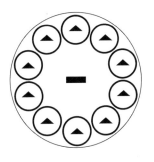

■ 居住区级公共服务设施
▲ 居住组团级公共服务设施

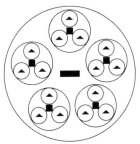

■ 居住区级公共服务设施
■ 居住小区级公共服务设施
▲ 居住组团级公共服务设施

图 2—29 以小区为基本单位（左）
图 2—30 以组团为基本单位（中）
图 2—31 以组团和小区为基本单位（右）

（图 2—29~图 2—31 资料来源：李德华．城市规划原理：第 3 版 [M]．北京：中国建筑工业出版社，2001：379）

## 课后思考题

1. 影响居住区规划结构的主要因素有哪些?

2. 居住区用地构成包括哪几个部分?

3. 居住区规划结构的基本形式大致有哪几种?

4. 请分析一下邻里单位模式居住区的优缺点。

居住区规划设计

# 3

## 第 3 单元　居住区规划设计
### 　　　　技术经济指标

# 单元简介

本单元主要介绍居住区规划设计的主要技术经济指标要求。

# 学习目标

通过本单元学习，应达到以下目标：

（1）掌握居住区规划设计须明确的技术经济指标要求，能够罗列出主要技术经济指标目录，正确率达到90%；

（2）熟知各类居住区规划设计的技术经济指标要求，能够复述出主要技术经济指标的计算方法，正确率达到90%。

居住区是城市重要的组成部分，其用地和建设量都在城市开发建设中占有较高的比重，因此研究和分析居住区规划设计和建设的经济性对充分发挥投资效果、提高城市土地的利用效益都具有十分重要的意义。居住区规划的技术经济分析，一般包括用地分析、综合技术经济指标的比较和造价估算等几个方面。

居住区建设项目量大、投资多、占地广，且与居民的生活密切相关，为了合理地使用资金和城市用地，我国对居住区规划设计和建设制定了一系列控制性的指标，这在国际上也是惯用的做法。居住区建设控制指标是城市规划指标的重要组成部分，这些指标的制定也是国家一项重要的技术经济政策，具有高度的指导性。居住区规划设计控制指标一般包括用地面积、建筑面积、造价等内容。其中造价指标由于建设费用各地标准水平不一样，所以受市场影响较大。

# 1 用地控制指标

## 1.1 用地控制指标的作用

（1）对土地使用现状进行分析，作为调整用地和制定规划的依据之一；

（2）检验设计方案用地分配的经济性和合理性，进行方案比较的内容之一；

（3）审批居住区规划设计方案的依据之一。

## 1.2 各级居住区用地控制指标

城市居住区用地总面积以人均用地面积指标表示，并配合用地容积率使用，达到控制居住区土地开发规模和强度的目的。城市居住区用地包括住宅用地、配套设施用地、公共绿地以及城市道路用地四部分，居住区规划设计需根据表 3–1、表 3–2 和表 3–3 所示，平衡控制各类用地的规模。

**十五分钟生活圈居住区用地控制指标**　　　　　表3-1

| 建筑气候区划 | 住宅建筑平均层数类别 | 人均居住区用地面积（m²/人） | 居住区用地容积率 | 居住区用地构成（%） | | | | |
|---|---|---|---|---|---|---|---|---|
| | | | | 住宅用地 | 配套设施用地 | 公共绿地 | 城市道路用地 | 合计 |
| Ⅰ、Ⅶ | 多层Ⅰ类（4~6层） | 40~54 | 0.8~1.0 | 58~61 | 12~16 | 7~11 | 15~20 | 100 |
| Ⅱ、Ⅵ | | 38~51 | 0.8~1.0 | | | | | |
| Ⅲ、Ⅳ、Ⅴ | | 37~48 | 0.9~1.1 | | | | | |
| Ⅰ、Ⅶ | 多层Ⅱ类（7~9层） | 35~42 | 1.0~1.1 | 52~58 | 13~20 | 9~13 | 15~20 | 100 |
| Ⅱ、Ⅵ | | 33~41 | 1.0~1.2 | | | | | |
| Ⅲ、Ⅳ、Ⅴ | | 31~39 | 1.1~1.3 | | | | | |
| Ⅰ、Ⅶ | 高层Ⅰ类（10~18层） | 28~38 | 1.1~1.4 | 48~52 | 16~23 | 11~16 | 15~20 | 100 |
| Ⅱ、Ⅵ | | 27~36 | 1.2~1.4 | | | | | |
| Ⅲ、Ⅳ、Ⅴ | | 26~34 | 1.2~1.5 | | | | | |

（资料来源：城市居住区规划设计标准：GB 50180—2018[S].北京：中国建筑工业出版社，2018：7）

**十分钟生活圈居住区用地控制指标**　　　　　表3-2

| 建筑气候区划 | 住宅建筑平均层数类别 | 人均居住区用地面积（m²/人） | 居住区用地容积率 | 居住区用地构成（%） | | | | |
|---|---|---|---|---|---|---|---|---|
| | | | | 住宅用地 | 配套设施用地 | 公共绿地 | 城市道路用地 | 合计 |
| Ⅰ、Ⅶ | 低层（1~3层） | 49~51 | 0.8~0.9 | 71~73 | 5~8 | 4~5 | 15~20 | 100 |
| Ⅱ、Ⅵ | | 45~51 | 0.8~0.9 | | | | | |
| Ⅲ、Ⅳ、Ⅴ | | 42~51 | 0.8~0.9 | | | | | |
| Ⅰ、Ⅶ | 多层Ⅰ类（4~6层） | 35~47 | 0.8~1.1 | 68~70 | 8~9 | 4~6 | 15~20 | 100 |
| Ⅱ、Ⅵ | | 33~44 | 0.9~1.1 | | | | | |
| Ⅲ、Ⅳ、Ⅴ | | 32~41 | 0.9~1.2 | | | | | |
| Ⅰ、Ⅶ | 多层Ⅱ类（7~9层） | 30~35 | 1.1~1.2 | 64~67 | 9~12 | 6~8 | 15~20 | 100 |
| Ⅱ、Ⅵ | | 28~33 | 1.2~1.3 | | | | | |
| Ⅲ、Ⅳ、Ⅴ | | 26~32 | 1.2~1.4 | | | | | |
| Ⅰ、Ⅶ | 高层Ⅰ类（10~18层） | 23~31 | 1.2~1.6 | 60~64 | 12~14 | 7~10 | 15~20 | 100 |
| Ⅱ、Ⅵ | | 22~28 | 1.3~1.7 | | | | | |
| Ⅲ、Ⅳ、Ⅴ | | 21~27 | 1.4~1.8 | | | | | |

（资料来源：城市居住区规划设计标准：GB 50180—2018[S].北京：中国建筑工业出版社，2018：8）

**五分钟生活圈居住区用地控制指标**　　　　　表3-3

| 建筑气候区划 | 住宅建筑平均层数类别 | 人均居住区用地面积（m²/人） | 居住区用地容积率 | 居住区用地构成（%） | | | | |
|---|---|---|---|---|---|---|---|---|
| | | | | 住宅用地 | 配套设施用地 | 公共绿地 | 城市道路用地 | 合计 |
| Ⅰ、Ⅶ | 低层（1~3层） | 46~47 | 0.7~0.8 | 76~77 | 3~4 | 2~3 | 15~20 | 100 |
| Ⅱ、Ⅵ | | 43~47 | 0.8~0.9 | | | | | |
| Ⅲ、Ⅳ、Ⅴ | | 39~47 | 0.8~0.9 | | | | | |

| 建筑气候区划 | 住宅建筑平均层数类别 | 人均居住区用地面积（m²/人） | 居住区用地容积率 | 居住区用地构成（%） | | | | |
|---|---|---|---|---|---|---|---|---|
| | | | | 住宅用地 | 配套设施用地 | 公共绿地 | 城市道路用地 | 合计 |
| Ⅰ、Ⅶ | 多层Ⅰ类（4~6层） | 32~43 | 0.8~1.1 | 74~76 | 4~5 | 2~3 | 15~20 | 100 |
| Ⅱ、Ⅵ | | 31~40 | 0.9~1.2 | | | | | |
| Ⅲ、Ⅳ、Ⅴ | | 29~37 | 1.0~1.2 | | | | | |
| Ⅰ、Ⅶ | 多层Ⅱ类（7~9层） | 28~31 | 1.2~1.3 | 72~74 | 5~6 | 3~4 | 15~20 | 100 |
| Ⅱ、Ⅵ | | 25~29 | 1.2~1.4 | | | | | |
| Ⅲ、Ⅳ、Ⅴ | | 23~28 | 1.3~1.6 | | | | | |
| Ⅰ、Ⅶ | 高层Ⅰ类（10~18层） | 20~27 | 1.4~1.8 | 69~72 | 6~8 | 4~5 | 15~20 | 100 |
| Ⅱ、Ⅵ | | 19~25 | 1.5~1.9 | | | | | |
| Ⅲ、Ⅳ、Ⅴ | | 18~23 | 1.6~2.0 | | | | | |

（资料来源：城市居住区规划设计标准：GB 50180—2018[S].北京：中国建筑工业出版社，2018：8-9）

作为规模最小一级的居住街坊，其用地面积按人均住宅用地面积最大值进行控制，配合住宅用地容积率和建筑密度最大值等指标使用，详见表3-4所示。

**居住街坊用地与建筑控制指标**　　　　　　　　　　　　　　　　　　表3-4

| 建筑气候区划 | 住宅建筑平均层数 | 住宅用地容积率 | 建筑密度最大值（%） | 绿地率最小值（%） | 住宅建筑高度控制最大值（m） | 人均住宅用地面积最大值（m²/人） |
|---|---|---|---|---|---|---|
| Ⅰ、Ⅶ | 低层（1~3层） | 1.0 | 35 | 30 | 18 | 36 |
| | 多层Ⅰ类（4~6层） | 1.1~1.4 | 28 | 30 | 27 | 32 |
| | 多层Ⅱ类（7~9层） | 1.5~1.7 | 25 | 30 | 36 | 22 |
| | 高层Ⅰ类（10~18层） | 1.8~2.4 | 20 | 35 | 54 | 19 |
| | 高层Ⅱ类（19~26层） | 2.5~2.8 | 20 | 35 | 80 | 13 |
| Ⅱ、Ⅵ | 低层（1~3层） | 1.0~1.1 | 40 | 28 | 18 | 36 |
| | 多层Ⅰ类（4~6层） | 1.2~1.5 | 30 | 30 | 27 | 30 |
| | 多层Ⅱ类（7~9层） | 1.6~1.9 | 28 | 30 | 36 | 21 |
| | 高层Ⅰ类（10~18层） | 2.0~2.6 | 20 | 35 | 54 | 17 |
| | 高层Ⅱ类（19~26层） | 2.7~2.9 | 20 | 35 | 80 | 13 |
| Ⅲ、Ⅳ、Ⅴ | 低层（1~3层） | 1.0~1.2 | 43 | 25 | 18 | 36 |
| | 多层Ⅰ类（4~6层） | 1.3~1.6 | 32 | 30 | 27 | 27 |
| | 多层Ⅱ类（7~9层） | 1.7~2.1 | 30 | 30 | 36 | 20 |
| | 高层Ⅰ类（10~18层） | 2.2~2.8 | 22 | 35 | 54 | 16 |
| | 高层Ⅱ类（19~26层） | 2.9~3.1 | 22 | 35 | 80 | 12 |

注：1. 住宅用地容积率是居住街坊内，住宅建筑及其便民服务设施地上建筑面积之和与住宅用地总面积的比值。
　　2. 建筑密度是居住街坊内，住宅建筑及其便民服务设施建筑基地面积与该居住街坊用地面积的比率（%）。
　　3. 绿地率是居住街坊内绿地面积之和与该居住街坊用地面积的比率（%）。

（资料来源：城市居住区规划设计标准：GB 50180—2018[S].北京：中国建筑工业出版社，2018：9-10）

随着国民生活水平的发展，居住区住宅建筑采用低层或多层高密度布局形式越来越多，其居住街坊用地控制指标遵循表 3-5 所示。

低层或多层高密度居住街坊用地与建筑控制指标　　　　　　表3-5

| 建筑气候区划 | 住宅建筑层数类别 | 住宅用地容积率 | 建筑密度最大值（%） | 绿地率最小值（%） | 住宅建筑高度控制最大值（m） | 人均住宅用地面积最大值（m²/人） |
|---|---|---|---|---|---|---|
| Ⅰ、Ⅶ | 低层（1~3层） | 1.0、1.1 | 42 | 25 | 11 | 32~36 |
| | 多层Ⅰ类（4~6层） | 1.4、1.5 | 32 | 28 | 20 | 24~26 |
| Ⅱ、Ⅵ | 低层（1~3层） | 1.1、1.2 | 47 | 23 | 11 | 30~32 |
| | 多层Ⅰ类（4~6层） | 1.5、1.7 | 38 | 28 | 20 | 21~24 |
| Ⅲ、Ⅳ、Ⅴ | 低层（1~3层） | 1.2、1.3 | 50 | 20 | 11 | 27~30 |
| | 多层Ⅰ类（4~6层） | 1.6~1.8 | 42 | 25 | 20 | 20~22 |

注：1. 住宅用地容积率是居住街坊内，住宅建筑及其便民服务设施地上建筑面积之和与住宅用地总面积的比值。

2. 建筑密度是居住街坊内，住宅建筑及其便民服务设施建筑基地面积与该居住街坊用地面积的比率（%）。

3. 绿地率是居住街坊内绿地面积之和与该居住街坊用地面积的比率（%）。

（资料来源：城市居住区规划设计标准：GB 50180—2018[S].北京：中国建筑工业出版社，2018：10）

## 1.3　用地界限划分的技术性规定

### 1.3.1　居住区用地范围

（1）当周界为自然分界线时，居住区用地范围应算至用地边界。

（2）当周界为城市快速路或高速时，居住区用地边界应算至道路红线或其防护绿地边界。快速路或高速路及其防护绿地不应计入居住区用地。

（3）当周界为城市干路或支路时，各级生活圈居住区用地范围应算至道路中心线。

（4）居住街坊用地范围应算至周界道路红线，且不含城市道路。

### 1.3.2　居住区配套设施用地范围

当住宅用地与配套设施（不含便民服务设施）用地混合时，其用地面积应按住宅和配套设施的地上建筑面积占该幢建筑总建筑面积的比率分摊计算，并应分别计入住宅用地和配套设施用地。

### 1.3.3　公共绿地范围

（1）满足当地指数，绿化覆土要求的屋顶绿地可计入绿地。绿地面积计算方法应符合所在城市绿地管理的有关规定。

（2）当绿地边界与城市道路临接时，应算至道路红线；当与居住街坊附属道路临接时，应算至路面边缘；当与建筑物临接时，应算至距房屋墙脚1.0m处；当与围墙、院墙临接时，应算至墙脚。

(3) 当集中绿地与城市道路临接时，应算至道路红线；当与居住街坊附属道路临接时，应算至距路面边缘1.0m处；当与建筑物临接时，应算至距房屋墙脚1.5m处。

## 1.4 配套设施用地控制指标

配套设施是对应居住区分级配套规划建设，并与居住人口规模或住宅建筑面积规模相匹配的生活服务设施；主要包括基层公共管理与公共服务设施、商业服务业设施、市政公用设施、交通场站及社区服务设施、便民服务设施。基于土地节约和社会公平等方面的原则，国家对配套设施用地面积指标提出相应的规定，目的是控制过分追求奢华、浪费等市场不良现象或建设标准过低而不满足国民生活水平的要求，以此确保城市居住区建设的健康和可持续发展。配套设施与各级居住区相匹配的用地面积见第2单元表2-2所示。其中重要的建设项目规模见表3-6所示。

各级生活圈居住区配套设施用地面积控制要求　　　　　　　　　　　表3-6

| 设施名称 | 用地面积（m²） | 对应居住区级别 |
| --- | --- | --- |
| 体育场（馆）或全民健身中心 | 1200～15000 | 十五分钟和十分钟生活圈居住区 |
| 大型多功能运动场地 | 3150～5620 | 十五分钟和十分钟生活圈居住区 |
| 中型多功能运动场地 | 1310～2460 | 十五分钟和十分钟生活圈居住区 |
| 小型多功能运动（球类）场地 | 770～1310 | 五分钟生活圈居住区 |
| 室外综合健身场地<br>（含老年户外活动场地） | 150～750 | 五分钟生活圈居住区 |
| 卫生服务中心＊（社区医院） | 1420～2860 | 十五分钟和十分钟生活圈居住区 |
| 养老院＊ | 3500～22000 | 十五分钟和十分钟生活圈居住区 |
| 老年养护院＊ | 1750～22000 | 十五分钟和十分钟生活圈居住区 |
| 文化活动中心＊（含青少年活动中心、老年活动中心） | 3000～12000 | 十五分钟和十分钟生活圈居住区 |
| 社区服务中心（街道级） | 600～1200 | 十五分钟和十分钟生活圈居住区 |
| 街道办事处 | 800～1500 | 十五分钟和十分钟生活圈居住区 |
| 社区服务站 | 500～800 | 五分钟生活圈居住区 |
| 幼儿园＊ | 5240～7580 | 五分钟生活圈居住区 |
| 派出所 | 1000～2000 | 十五分钟和十分钟生活圈居住区 |
| 公共厕所＊ | 60～120 | 五分钟生活圈居住区 |
| 开闭所 | 500 | 十五分钟和十分钟生活圈居住区 |
| 燃气调压站 | 100～200 | 十五分钟和十分钟生活圈居住区 |
| 再生资源回收点＊ | 6～10 | 五分钟生活圈居住区 |

| 设施名称 | 用地面积（m²） | 对应居住区级别 |
|---|---|---|
| 生活垃圾收集站* | 120~200 | 五分钟生活圈居住区 |
| 儿童、老年人活动场地 | 170~450 | 居住街坊 |

注：1.各项配套设施的服务内容详见《城市居住区规划设计标准》GB 50180—2018附录C，
　　　居住区配套设施规划建设控制要求。
　　2.初中、小学和带＊的配套设施，其建筑面积应满足国家相关规划及标准规范的有关规定。
　　3.大型多功能运动场地和中型多功能运动场地按其用地面积进行规模控制。

# 2　综合技术指标

　　根据《城市居住区规划设计标准》GB 50180—2018 的规定，居住区综合技术指标的项目包括必要指标和可选用指标两类。具体项目及计量要求见表3-7所示。

**居住区综合技术指标**　　　　　　　　　　表3-7

| 项目 | | | 计量单位 | 数值 | 所占比例（%） | 人均面积指数（m²/人） |
|---|---|---|---|---|---|---|
| 各级生活圈居住区指标 | 居住区用地 | 总用地面积 | hm² | ▲ | 100 | ▲ |
| | | 其中 住宅用地 | hm² | ▲ | ▲ | ▲ |
| | | 其中 配套设施用地 | hm² | ▲ | ▲ | ▲ |
| | | 其中 公共绿地 | hm² | ▲ | ▲ | ▲ |
| | | 其中 城市道路用地 | hm² | ▲ | ▲ | — |
| | 居住总人口 | | 人 | ▲ | — | — |
| | 居住总套（户）数 | | 套 | ▲ | — | — |
| | 住宅建筑总面积 | | 万m² | ▲ | — | — |
| 居住街坊指标 | 用地面积 | | hm² | ▲ | — | ▲ |
| | 容积率 | | — | ▲ | — | — |
| | 地上建筑面积 | 总建筑面积 | 万m² | ▲ | 100 | — |
| | | 其中 住宅建筑 | 万m² | ▲ | ▲ | — |
| | | 其中 便民服务设施 | 万m² | ▲ | ▲ | — |
| | 地下总建筑面积 | | 万m² | ▲ | ▲ | — |
| | 绿地率 | | % | ▲ | — | ▲ |
| | 集中绿地面积 | | m² | ▲ | — | — |
| | 住宅套（户）数 | | 套 | ▲ | — | — |
| | 住宅套均面积 | | m²/套 | ▲ | — | — |
| | 居住人数 | | 人 | ▲ | — | — |
| | 住宅建筑密度 | | % | ▲ | — | — |
| | 住宅建筑平均层数 | | 层 | ▲ | — | — |
| | 住宅建筑高度控制最大值 | | m | ▲ | — | — |
| | 停车位 | 总停车位 | 辆 | ▲ | — | — |
| | | 其中 地上停车位 | 辆 | ▲ | — | — |
| | | 其中 地下停车位 | 辆 | ▲ | — | — |
| | 地面停车位 | | 辆 | ▲ | — | — |

注：▲为必列指标

（资料来源：城市居住区规划设计标准：GB 50180—2018[S].北京：中国建筑工业出版社，2018：21）

## 2.1 住宅建筑平均层数

指一定用地范围内，住宅建筑总面积与住宅基底总面积的比值所得的层数。

$$住宅平均层数 = \frac{住宅总建筑面积}{住宅基地总面积}(层)$$

## 2.2 住宅建筑净密度

$$住宅建筑净密度 = \frac{住宅建筑基底总面积}{住宅用地面积}(\%)$$

值得注意的是，住宅建筑净密度衡量的是对象居住区居住建筑布局的总体密集程度，而这个指标在规划设计阶段须充分考虑房屋布置对气候、防水、防震、地形条件和院落使用等要求。住宅建筑净密度与房屋间距、建筑层数、层高、房屋排列方式等有关。

## 2.3 住宅建筑面积净密度

$$住宅建筑面积净密度 = \frac{住宅总面积}{住宅用地面积}(\%)$$

## 2.4 住宅建筑面积毛密度

$$住宅建筑面积毛密度 = \frac{住宅总建筑面积}{居住区用地面积}(m^2/hm^2)$$

## 2.5 人口净密度

$$人口净密度 = \frac{规划总人口}{住宅用地总面积}(人/hm^2)$$

## 2.6 人口毛密度

$$人口毛密度 = \frac{规划总人口}{居住区用地总面积}(人/hm^2)$$

## 2.7 容积率（又称建筑面积毛密度）

$$容积率 = \frac{总建筑面积}{总用地面积}$$

## 3 居住区建筑面积控制指标

2018 年 12 月 1 日开始执行的《城市居住区规划设计标准》GB 50180—2018 根据配套设施项目给出规模限制和设置要求。随着国民生活水平和文化活动的发展，此标准充分给予了居住区多样性发展的空间。下面介绍几类主要的配套设施。

## 3.1 公共管理与公共服务设施

初中和小学是公共设施中最为重要的两个教育类配建项目，也是居民最关心的两类配建项目，其服务半径分别是 1000m 和 500m，这直接影响各级生活圈居住区的布局。十五分钟和十分钟生活圈居住区配建的初中和小学规模分别根据适龄青少年人口和儿童人口确定，且不宜超过 36 班，其建筑面积应满足国家相关规划及标准规范的规定；小学应设置不低于 200m 环形跑道和 60m 直跑道的运动场，并配置符合标准的球类运动场。其他主要公共管理与公共服务设施的建筑面积要求详见表 3-8 所示。

各级生活圈居住区配套设施建筑面积控制要求     表3-8

| 设施名称 | 建筑面积（m²） | 对应居住区级别 |
| --- | --- | --- |
| 体育场（馆）或全民健身中心 | 2000～5000 | 十五分钟和十分钟生活圈居住区 |
| 卫生服务中心*（社区医院） | 1700～2000 | 十五分钟和十分钟生活圈居住区 |
| 社区卫生服务站* | 120～270 | 五分钟生活圈居住区 |
| 养老院* | 7000～17500 | 十五分钟和十分钟生活圈居住区 |
| 老年养护院* | 3500～17500 | 十五分钟和十分钟生活圈居住区 |
| 老年人日间照料中心*（托老所） | 350～750 | 五分钟生活圈居住区 |
| 文化活动中心*（含青少年活动中心、老年活动中心） | 3000～6000 | 十五分钟和十分钟生活圈居住区 |
| 文化活动站 | 250～1200 | 五分钟生活圈居住区 |
| 社区服务中心（街道级） | 700～1500 | 十五分钟和十分钟生活圈居住区 |
| 街道办事处 | 1000～2000 | 十五分钟和十分钟生活圈居住区 |
| 社区服务站 | 600～1000 | 五分钟生活圈居住区 |
| 幼儿园* | 3150～4550 | 五分钟生活圈居住区 |
| 司法所 | 80～240 | 十五分钟和十分钟生活圈居住区 |
| 派出所 | 1000～1600 | 十五分钟和十分钟生活圈居住区 |
| 公共厕所* | 30～80 | 五分钟生活圈居住区 |

注：1. 各项配套设施的服务内容详见《城市居住区规划设计标准》GB 50180—2018附录C，居住区配套设施规划建设控制要求。
    2. 初中、小学和带*的配套设施，其建筑面积应满足国家相关规划及标准规范的有关规定。
    3. 大型多功能运动场地和中型多功能运动场地按其用地面积进行规模控制。

## 3.2 商业服务业设施

此类配套设施的建筑面积规模受其服务半径的影响最大，其中银行营业网点、电信营业场所和邮政营业场所的建设标准随着信息化的发展产生了很大变化，其设置密度、服务半径或用地面积都有明确的要求，建筑面积按照相关的设计规范执行。另外，十五分钟和十分钟生活圈居住区服务半径为500m的商场建筑面积要求为商场1500~3000m²，菜市场或生鲜超市为750~1500m²或2000~2500m²；服务半径不大于1000m的健身房建筑面积为600~2000m²。居住街坊级配套的便利店面积控制在50~100m²。

## 3.3 市政公用设施和交通场站

由于城市发展水平和地理情况的不同，市政公用设施和交通场站要求根据所在地城市规划有关规定配置，但各类设施的服务半径应符合《城市居住区规划设计标准》GB 50180—2018的要求。其中，开闭所和燃气调压站在满足地方规划建设要求以及专项设计标准的同时，还应分别控制建筑面积为200~300m²、50m²。

# 4 居住区总造价估算

居住区造价主要包括地价、建筑造价、室外市政设施、绿地工程和外部环境设施造价几个部分，另外还有居住区开发建设产生的勘察、设计、监理、营销策划、广告、利息等费用以及各种相关的税费。居住区总造价一般以每平方米居住建筑面积的综合造价为主要指标进行估算。

## 4.1 居住区用地成本

我国土地所有权分为国家土地所有权和集体土地所有权，自然人不能成为土地所有权的主体，而我国法律禁止土地所有权交易，所以不存在土地买卖的问题，但我国在市场经济体制下实行土地的有偿使用。土地有偿使用的价格对居住区建设的总成本起着决定性作用。

## 4.2 建筑造价

建筑造价包括住宅与配套公共服务设施的造价，住宅造价一般与住宅层数密切相关，但这个相关并不绝对影响居住区住宅建筑的选型。比如虽然高层住宅造价普遍高于多层住宅，但高层住宅节约用地，从而提高土地的利用效益，还能有效减少室外市政工程设施投资、征地拆迁等费用。

## 4.3 室外工程造价

居住区室外市政设施工程和外部环境设施费用是指居住区内的各种管线

和设施造价，比如给排水、供电、暖通、燃气、电信（电话、电视、电脑等）等管网与设施以及绿化、道路铺砌、环境设施工程等。

## 课后思考题

1. 居住区主要的技术经济指标有哪些？
2. 用地控制指标有什么作用？
3. 居住区的容积率是怎样计算的？
4. 居住区住宅建筑密度是怎样计算的？

## 扩展阅读

请同学们课后阅读以下参考资料：

[1] 城市居住区规划设计标准：GB 50180—2018[S].

[2] 建筑设计防火规范：GB 50016—2014（2018 修订版）[S].

[3] 住宅设计规范：GB 50096—2011[S].

[4] 吴唯佳. 城市与区域规划研究——规划变革与协同发展 [M]. 北京：商务印书馆，2015.

[5] 窦强. 城市转型与住区形态——中国式城市人居的构建 [M]. 北京：中国建筑工业出版社，2014.

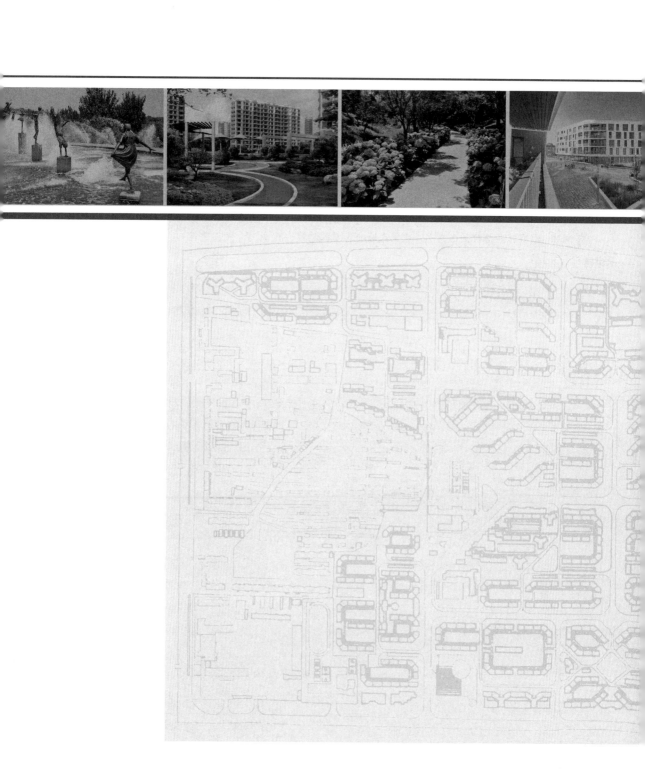

# 居住区
# 规划专项设计

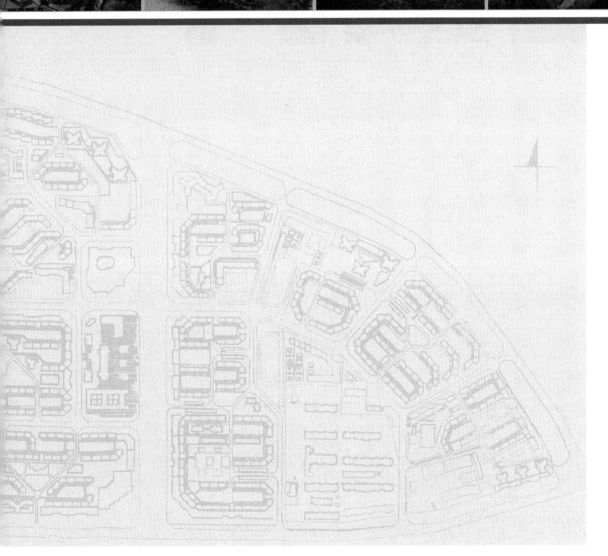

居住区规划设计

# 4

## 第4单元　居住区建筑

## 单元简介

本单元主要学习居住区规划设计、建筑设计与布局的相关知识，其中主要涉及住宅建筑与公共建筑的设计和布局的基本概念知识。本单元内容包括住宅建筑的基本概念，平面和竖向选型设计重点部分和相关案例表达；公共建筑的基本概念，平面选型以及规划布局和组合配建等重点内容，主要涉及从主体建筑到配套设施内容的全面阐述和梳理。

## 学习目标

通过本单元的学习，应达到以下目标：

（1）掌握住宅建筑的类型划分，能够复述出根据楼层划分住宅建筑的种类，正确率100%。

（2）掌握住宅建筑的设计方法，能够独立完成建筑和户型选型以及布局工作。

（3）理解居住区公共建筑布局要点，能够根据要求协作完成公共建筑的平面布局。

# 第一部分  住宅建筑

## 1  居住区住宅建筑基本概念

"为普通人，所有的人，研究住宅，这是回复人道的基础，人的尺度，需要的标准，功能的标准，情感的标准。就是这些！这是最重要的，这是一个高尚的时代，人们抛弃了豪华壮丽。"

——勒·柯布西耶《走向新建筑》

住宅建筑在设计过程中的基本布局和优化设计是居住区规划设计的重要内容。如果将居住区规划设计中规划结构比作身体的基本骨骼构造，道路规划比作身体中的血管，建筑部分可理解为身体中的各个器官，是这个网络中重要的组成元素和实体节点。住宅建筑的规划设计应综合考虑用地条件、选型、朝向、间距、绿地、层数与密度、布置方式、群体组合以及空间环境等因素。住宅建筑也是整个项目的主要实体内容，与居民生活和市场需求息息相关。

## 1.1  住宅建筑的类型及特点

住宅建筑设计主要考虑家庭生活习惯和要求，探索满足住户习性的环境规律，寻求对居住环境的物质满足和精神享受双重需求。在我国住宅建筑发展的漫长过程中，不同社会环境对建筑设计提出的挑战一直在变化，建筑师和住

图4-1 不同类型的住宅建筑形式

宅使用者共同创作出多样的住宅类型（图4-1），不同类型的住宅建筑有各自的内在规律，也有功能需求的共性。

### 1.1.1 按建筑层数来分类

住宅的层数直接影响整个居住区的容积率和项目整体高度等设计控制环节，不同的建筑层数也涉及施工技术和组合方式的变化，根据我国《民用建筑设计通则》GB 50352—2005的规定，住宅按照建筑层数的不同可以分为低层住宅、多层住宅、中高层住宅和高层住宅。

1~3层的住宅属于低层，造价一般较低，层数少，上下联系方便，结构单一，平面组合灵活，既能适应较大、标准较高的要求，又能适应标准较低的居住情况。低层住宅整体上与自然环境协调性较好，尤其与特殊地形协调具有优势；结构上自重较轻，利于地基处理和结构设计，施工简单，土建造价低，便于发展。但是在寸土寸金的大都市中，相对于多、高层建筑而言，低层建筑占地多，密度低，处理费用所占比例高，会导致土地利用强度明显偏低。

4~6层的住宅为多层I类，一般采用单元式，共用面积很小，这有利于提高面积利用率。一般一梯两户呈板式布局，每户都能实现南北自然通风，基本能实现每间居室的自然采光要求。很多多层住宅采用6层设计，有的还在第6层采用跃层式的设计（即6+1层），如图4-2剖面所示。7~9层的住宅为多层II类；10~18层为高层I类建筑；19~26层为高层II类建筑。我国有规定住宅建筑7层以上（含7层）必须设电梯，12层以上（含12层）至少设两部电梯，考虑到造价因素，许多居住区采用了11层或11+1层的高层建筑产品，俗称"小高层住宅建筑"。100m以上的建筑称为超高层建筑，采用更加严格的消防设计标准，其造价也会提高，在住宅建筑中运用较少。

### 1.1.2 按平面组合形式分类

住宅楼层平面按照各户型不同的组合方式可分为单元式住宅和独立式住宅。单元式住宅是在一栋住宅建筑内部通过公共交通空间（公共楼道、公共楼梯、公共电梯）将多个户型联系组合在一起，再通过垂直公共交通将若干楼层平面上下串联层叠在一起，组成住宅楼栋的组合方式（图4-3）。独栋式住宅是每一户之间不通过公共的交通相互联系而形成的住宅；不设公共交通，但户与户之间水平方向相互组合，被称为"联排式住宅"（图4-4）。

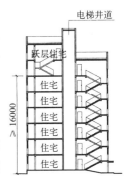

图4-2 顶层为两层一户的跃层住宅

（资料来源：周燕珉.住宅精细化设计[M].北京：中国建筑工业出版社，2008）

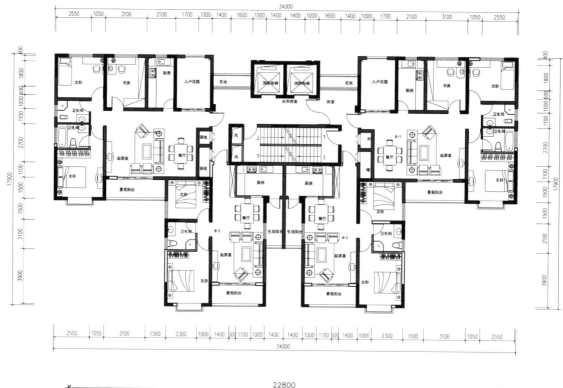

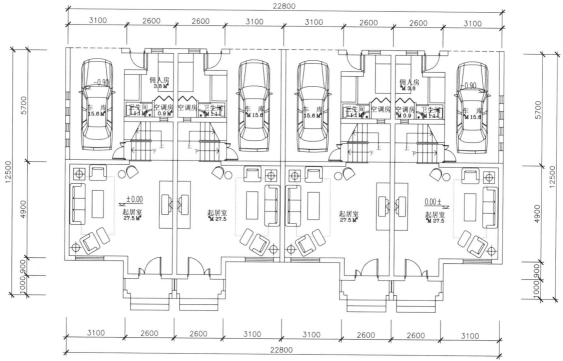

## 1.1.3 按项目市场产品分类

在低层住宅所属范围内，我国市场主要存在三种住宅产品，即独栋别墅、双拼别墅和联排别墅。独栋别墅户型条件优越，四面可采光；双拼别墅是两户

图4-3 单元式住宅平面形式（上）

图4-4 联排式住宅平面形式（下）

别墅共用一面墙体，采光面主要利用另外三边墙体；联排别墅主要采用共用中间墙体，有端户与中户之分，有一字型、田字型和合院型等组合形式。

多层住宅是改善型住房的主要产品之一，包括花园洋房、叠拼别墅等。花园洋房一般根据定位的不同，设计上考虑标注层平面或者各层不同户型平面相组合叠加，积极争取每户的室外环境，积极利用地面、露台、屋顶等界面（图4-5）。叠拼别墅一般分上叠和下叠（少数产品有中叠），一般为两套户型上下拼叠在一起。

中高层和高层住宅是目前最主要的住宅建筑选型，其优点非常显著，这样的大量型建筑能够迅速满足我国城市化对住房的需求。随着国民生活水平的提高，高层住宅也在不断从户型和小区环境等方面进行优化。

图4-5 花园洋房住宅
图示

## 1.1.4 按建筑风格分类

由于市场需求导向，住宅建筑的外观风格是多样丰富的，比较常见的有现代风格、现代中式、古典中式、美式、北欧风格、法式、地中海风格等。按地域文化的不同可归纳为东方设计风格和西方设计风格（图4-6）。其中，现代风格住宅最为常见，受西方现代主义风格的影响，其建筑设计采用大面积的墙体和玻璃或者简单的构架体系，色彩往往干净利落，简化外表装饰，呈现一种简约、清爽、轻松的整体氛围。

图4-6 不同风格建
筑的表现形式

## 1.2 住宅建筑的新发展和新方向

2016 年 9 月国务院办公厅印发了《关于大力发展装配式建筑的指导意见》，对大力发展装配式建筑和钢结构重点区域、未来装配式建筑占比新建筑目标、重点发展城市进行了明确。为实现"四节一保"，大力发展装配式建筑，主要体现了标准化、模数化和多样化（图 4-7）。在国家政策引领下，城市建设管理部门、房地产开发环节、总承包环节、专业高校等都在积极探索装配式建筑的各项技术要领，力求建立新的建筑工业化结构体系和相关技术支持。就建筑设计而言，建筑方案设计的标准化和模数化在工业建筑中较容易实现，而在民用建筑中的应用技术将是今后的重点研发内容。而民用建筑中居住建筑的量最大，所以在新的形势的发展要求下，掌握基本设计方法，适应建筑行业的创新发展非常重要。

装配式建筑是指由预制构件以及部件在工地装配而成的建筑。按预制构件的形式和施工方法可分为砌块建筑、板材建筑、盒式建筑、骨架板材建筑及升板升层建筑等五种类型。随着现代工业技术的发展，建造房屋可以像机器生产那样，成批成套地制造。只要把预制好的房屋构件，运到工地装配起来。装配式建筑在 20 世纪初就开始引起人们的兴趣，到 20 世纪 60 年代终于实现。英、法等国首先作了尝试。由于装配式建筑的建造速度快，且生产成本低，迅速在世界各地推广开来。我国目前已有 30 多个省市出台了装配式建筑指导意见和相关配套措施。越来越多的市场主体开始加入到装配式建筑的建设大军中。在各方共同推动下，2015 年全国新开工的装配式建筑面积达到 3500 万 ~ 4500 万 $m^2$（图 4-8）。

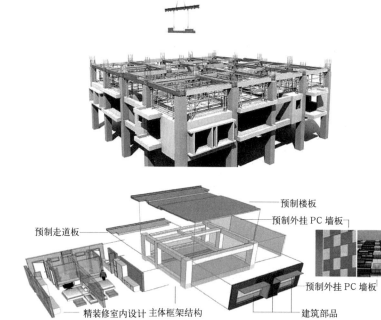

图 4-7　工业化建筑场景

图 4-8　装配式住宅建筑示意图

# 2　住宅建筑户型平面选型设计

住宅平面的功能性和特色化是设计工作的重点内容之一，从选型到优化的过程中需要对居民生活习性、功能需求以及舒适度进行深入的调研和理解。从户型外部的组织结构到户型内部房间的功能结构都需要设计者综合多方面因素考虑，从而优化住宅户型平面功能选型设计。

## 2.1　户型功能空间组合

居住区规划设计作为城市主要居住环境设计主体，其中住宅功能占据生活体验的主要部分，所以住宅建筑的平面选型设计中各个户型的功能空间设计也是居住区规划设计的主要研发对象之一。一套住宅需要提供满足住户基本的生活使用要求的不同功能空间。户型应该包含起居、睡眠、工作、学习、炊事、进食、便溺、洗浴、储藏、交通以及户外活动等功能空间，而且必须是独门独户使用的成套住宅。

根据其主要功能性质可分为居住、厨卫、交通及其他三个部分（图4-9）。居住空间是户型设计的功能主体空间，它涵盖了住户睡眠、起居、工作、学习、会客、进餐等功能空间。根据住宅户型面积标准的不同来调整相关功能空间，不同的居住对象和户型标准，居住空间可以分为卧室、起居室、书房、餐室等基本功能空间。在整个户型设计中，需要按照不同的户型使用功能要求划分不同的居住空间，考虑人体工学的基本要求和家具布置空间，确定空间的大小和形状，安排门窗位置，合理地组织各个功能空间的交通，同时还需要考虑各个房间的朝向、通风、采光以及其他空间环境使用问题。厨卫空间是住宅设计的关键部分，它对住宅功能与质量的打造起着重要作用。整个楼栋整体设计中的厨卫空间涉及竖向管道设备的串联关系，其空间设备及管线多，平面布置涉及功能的操作流程、人体工学以及通风换气等多种环境因素。厨卫空间要求在满足平面布局的前提下，上下尽量采用同一类空间以方便管线的敷设。交通空间是有效、便捷组织各个功能空间的主体，串联各个功能空间，起到重要的过渡作用。其他空间包括阳台、储物、设施等附属功能空间，同时作为主体功能向室外或者室内延续的过渡空间服务住户而经常被使用，在整体户型功能空间中组合考虑。

根据住宅空间使用性质可分为公共区域和私密区域。根据空间功能的私密程度，合理组合并适当区分公共区域与私密区域是户型优化设计的重点内容（图4-10）。

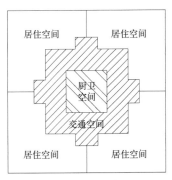

图4-9　功能性质划分示意图

图4-10　公私区域划分示意图

从空间使用内容的不同还可以大致划分为"干区"与"湿区"，这主要考虑日常用水程度和净污分离的基本原则。居住环境和交往空间为相对整洁和干燥的区域，一般不设置直接给水节点；而厨卫、卫生间、盥洗间以及阳台等区域为相对污垢较多的区域，其用水频率较高，须充分考虑给排水的问题。

从房间区域的使用频率区分有高频率使用空间和低频率使用空间。根据居民常规的日常生活习惯，居住空间和厨卫空间使用频率会相对较高；储物区域和阳台区域使用频率相对较低，但这一点并不绝对。

## 2.2 户型面积

建筑面积是影响户型空间尺度最直接的因素，是户型设计和楼型组合的设计过程中需要重点考虑的因素。住宅户型空间的组合设计工作一般从楼梯、电梯间的交通组织至入户开始，通过对主要空间的位置布局，对进深、面宽的综合调整来完成的。所以户型空间尺度的确定不仅要做到分室合理、功能分区明确，还应照顾到各房间之间的"制约"关系，综合考虑内部空间布局、面宽及面积安排，还要兼顾诸如日照、朝向、通风、采光等环境条件，以及结构、采暖、空调、管井布置等技术条件。

### 2.2.1 面积控制

住宅面积标准与国家经济条件和人民生活水平相关，同时也与住宅使用功能和空间组合、家庭人口数量、结构以及居住行为特点等因素密不可分。因此确定户型空间面积要以住户的住房需求为根据，做到房间的面积和尺度适当，使住宅户型与现代生活方式相适应。根据《住宅设计规范》GB 50096—2011 的要求，由卧室、起居室（厅）、厨房和卫生间等组成的户型，其使用面积不应小于 $30m^2$；由兼起居的卧室、厨房和卫生间等组成的最小户型，其使用面积不应小于 $22m^2$，具体数据可参见表 4-1 和图 4-11 所示。

户型各功能使用面积参考值　　　　　　　　　　表4-1

| 户型房间名称 | 卧室 | | | 厨房 | | 起居室 | 卫生间（配置便器、洗浴器和洗面器） |
|---|---|---|---|---|---|---|---|
| | 双人 | 单人 | 兼起居室 | 户型由卧室、起居室、厨房和卫生间等组成 | 户型由兼起居的卧室、厨房和卫生间等组成 | | |
| 使用面积（m²） | ≥9 | ≥5 | ≥12 | ≥4 | ≥3.5 | ≥10 | ≥2.5 |

表 4-2、表 4-3 和表 4-4 是中等生活水平的房间面积参考指标，主要包括不同户型的面积范围值和不同套内面积的功能面积范围值。根据生活习惯和地理位置的不同，以及迎合项目市场评估等要求，会产生一定的差异。

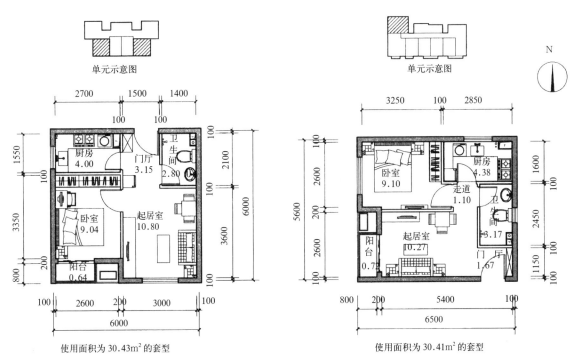

图 4-11　户型使用面积为 30m² 户型示意图

（资料来源：周燕珉．住宅精细化设计 [M]．北京：中国建筑工业出版社，2008）

**不同户型的面积范围值**　　　　　　　　　　表4-2

| 套型名称 | 一室一厅 | 两室一厅 | 两室两厅 | 三室两厅 | 四室两厅 |
|---|---|---|---|---|---|
| 建筑面积（m²） | 40~65 | 70~90 | 80~100 | 90~120 | 120~160 |

（资料来源：周燕珉．住宅精细化设计[M]．北京：中国建筑工业出版社，2008）

**套内使用面积在40~90m²的功能面积范围值**　　　　　　表4-3

| 房间名称 | 起居室 | 厨房 | 餐厅 | 公共卫生间 | 主卧 | 主卧卫生间 | 次卧 | 书房 | 服务阳台 | 生活阳台 |
|---|---|---|---|---|---|---|---|---|---|---|
| 房间使用面积（m²） | 16~24 | 4.5~8 | 6~9 | 2~2.5 | 12~16 | 3.5~5.5 | 8.5~11 | 10~13 | 2~3.5 | 4.5~6.5 |

（资料来源：周燕珉．住宅精细化设计[M]．北京：中国建筑工业出版社，2008）

**套内使用面积在90~150m²的功能面积范围值**　　　　表4-4

| 房间名称 | 门厅 | 起居室 | 厨房 | 餐厅 | 公共卫生间 | 主卧 | 主卧卫生间 | 次卧 | 书房 | 服务阳台 | 生活阳台 |
|---|---|---|---|---|---|---|---|---|---|---|---|
| 房间使用面积（m²） | 2~4 | 20~35 | 6~9 | 9~15 | 4~7 | 15~25 | 5~8 | 10~13 | 10~13 | 3~5 | 5~8 |

（资料来源：周燕珉．住宅精细化设计[M]．北京：中国建筑工业出版社，2008）

### 2.2.2 面宽与进深

　　住宅户型的进深、面宽是住宅户型设计中与面积息息相关的主要参数，也是需要考虑综合因素优化控制的重要指标。功能房间各自组合以及户型相互结合与进深和面宽的相互协调需同步进行。其中"进深"是指与主要采光面在平面上相垂直的面的宽度，从前墙壁到后墙壁之间的实际长度，"面宽"是指主要采光面的宽度（图4-12）。

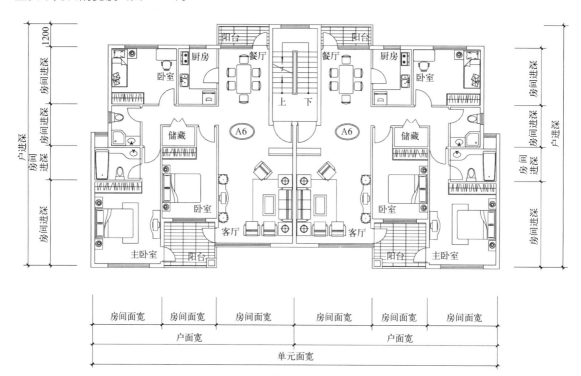

图4-12　面宽和进深户型示意图

　　（1）面宽

　　1）面宽对住宅舒适度的影响

　　户型面宽直接影响到居住的行为尺度和舒适度，以及结构的稳定，通常每套住宅的面宽越大，采光通风设计条件相对优越；但是过大的面宽设计可能会导致家具摆放较远，降低室内使用效率，缺乏居住感和温馨感，对结构的稳定性和经济性也会有较大影响。

　　2）户型内各功能房间的面宽配置

　　综合考虑结构稳定，人体工程学上各房间家具的尺寸与摆放方式、居住者的空间感受以及经济性等因素，结合市场需求，住宅各功能房间面宽的常用尺寸如表4-5所示。

　　（2）进深

　　1）进深对住宅的节能影响

　　加大进深可以减少外墙面的面积，相应减少体型系数（一栋建筑的外表面积与其所包的体积之比），同时外围护结构与大气接触面减小，有利于提高

| 房间名称 | 门厅 | 起居室 | 厨房 | 餐厅 | 公共卫生间 | 主卧 | 主卧卫生间 | 次卧 | 书房 |
|---|---|---|---|---|---|---|---|---|---|
| 房间面宽(m) | 1.2~2.4 | 3.6~4.5 | 1.8~3.0 | 2.6~3.6 | 1.6~2.4 | 3.3~4.2 | 1.8~2.4 | 2.7~3.6 | 2.6~3.6 |

（资料来源：周燕珉.住宅精细化设计[M].北京：中国建筑工业出版社，2008）

建筑环境保温能力。

2）采光通风优化

进深大的住宅户型在进深方向中部空间采光通风条件会相对较差，室内居住光线、空气等舒适度会有所降低。居住区住宅建筑楼栋的总进深尺度宜控制在11~13m（不含阳台）（图4-13）。

### 2.2.3　住宅户型面宽与进深优化设计

(1)　主采光开窗面整合

面宽过大往往是因为各个房间在布置的时候过于机械排布，忽略整体面宽的累积，常常存在各个房间主面开窗的浪费。可以考虑适当增加进深，整合主采光面的开窗面，从而缩小单元面宽，优化住宅设计。

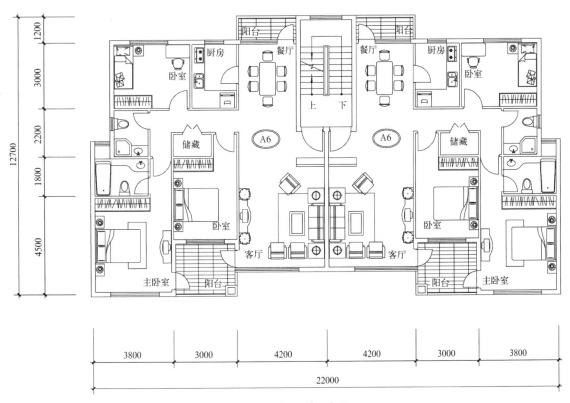

图4-13　进深尺度示意图

（2）增加侧面采光

可以考虑增设侧面采光功能，将个别次要的功能房间采用侧面采光，提高和优化住宅建筑的整体环境。

（3）外墙开采光槽

住宅建筑外墙面在面宽不足，进深较大时，需要通过增加外墙面长度而达到开窗要求，争取良好居住环境所需的光线和气流。但这种方法使外墙系数增大，不利住宅节能控制，且采光的质量一般，因此主要出现在南方地区。采用此方法设计时要避免凹凸过多或是结构过于复杂，同时要保证房间的采光口有一定的采光宽度条件，例如处于中部的起居室采光口宽度应不小于1.5m，双人卧室的采光口宜不小于1.2m，单人卧室、厨房及餐厅的采光口宽度不宜小于0.9m，并且注意凹进的槽深不宜超过槽宽的两倍（图4-14）。

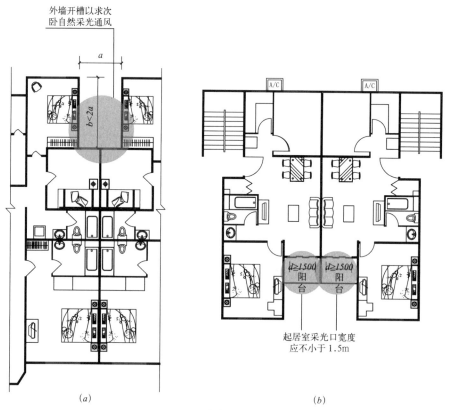

图4-14 外墙开凹槽示意图

（资料来源：周燕珉．住宅精细化设计 [M]．北京：中国建筑工业出版社，2008）
（a）次卧室缩进型；（b）起居室缩放型

（4）内天井采光

住宅建筑内天井的采光设置可以有效解决中部暗房间（如卫生间、餐厅）的自然采光通风问题（图4-15）。但是在进行内天井设计时，要预先考虑到以下问题：

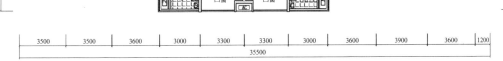

图 4-15　内天井平面示意图

1）当内天井面积过小时，会光线昏暗、通风不良，对建筑防火不利；

2）内天井开窗容易造成对视问题，以及气味、噪声等交叉干扰，降低住户私密性；

3）天井底部的排水问题；

4）适用于高层，但天井深度不宜过高。

## 2.3　公共交通空间

居住区各楼栋内部平面设计中，各个户型通过公共区域进行组合设计，其中公共走道和公共前室设计是重要内容。公共区域设计对居住区每个住户的公摊面积有直接影响。

## 2.4　户型平面组合

### 2.4.1　板式住宅标准户型平面组合关系（以单元标准层为例）

在常见的板式住宅建筑中，首先考虑标准单元标准层的选型和设计，配合居住区规划阶段的各项数据指标要求。单元住宅标准层在考虑户型内面积配置和楼层面积控制的情况下，根据不同情况和方式来形成标准层平面，如表4-6所示。

| 类型 | 两室+两室平面 | 两室+三室平面 | 三室+三室平面 |
|---|---|---|---|
| 图示 | | | |
| 特点 | 两室+两室单元户型作为小户型单元产品易于销售，使用面积经济，但公摊面积大，经济负担较重；此外由于户型较小，单元入口只适合北面，即以楼梯间方向作为单元出入口，如果设置在南面，往往会牺牲掉一间起居室，宜避免空间浪费 | 两室+三室单元户型一般是利用楼梯间的对应面宽作为小三室中的书房，并可灵活分割（如：与起居室合并，扩大起居室面积）。其单元户型公摊面积占用适中，一般作为主力户型，具有适应性强，搭配易于平衡的优点 | 三室+三室户型套型一般单元占用面宽较大，使用率高，一层南北均可设置单元出入口（如：南侧去掉一间书房，作为通道，变成两室+三室套型），具有一定的优化灵活性 |

（资料来源：周燕珉. 住宅精细化设计[M]. 北京：中国建筑工业出版社，2008）

### 2.4.2 塔式住宅户型平面组合关系

通常指不与其他单元拼接的、独立的、四面临空的住宅形式。这种类型的住宅平面在长宽两个方向的尺寸比较接近，以一组垂直交通为中心，各户环绕布置，每一层楼可以布置4~12户（图4-16）。

## 2.5 相关规范要求

住宅建筑户型平面选型设计应满足《住宅设计规范》GB 50096—2011 的相关规定，例如：

（1）十层以下的住宅建筑，当住宅单元任一层的建筑面积大于 650m² ，或任一套房的户门至安全出口的距离大于 15m 时，该住宅单元每层的安全出口不应少于 2 个。

（2）十层及十层以上且不超过十八层的住宅建筑，当住宅单元任一层的建筑面积大于 650m² ，或任一套房的户门至安全出口的距离大于 10m 时，该住宅单元每层的安全出口不应少于 2 个。

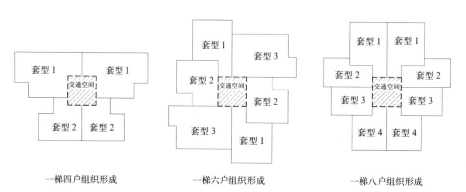

一梯四户组织形成　　　　一梯六户组织形成　　　　一梯八户组织形成

图 4-16 常见塔式住宅户型组织示意图

（3）十九层及十九层以上的住宅建筑，每层住宅单元的安全出口不应少于2个。

（4）十层及十层以上的住宅建筑，每个住宅单元的楼梯均应通至屋顶，且不应穿越其他房间。通向平屋面的门应向屋面方向开启。各住宅单元的楼梯间宜在屋顶相连通。但符合下列条件之一的，楼梯可不通至屋顶：

1）十八层及十八层以下，每层不超过8户、建筑面积不超过650m²，且设有一座共用的防烟楼梯间和消防电梯的住宅；

2）顶层设有外部联系廊的住宅。

住宅建筑的安全疏散距离须符合相关规定，直通疏散走道的户门至最近安全出口的直线距离不应大于表4-7的规定。

住宅建筑直通疏散走道的户门至最近安全出口的直线距离（m）　　表4-7

| 住宅建筑类别 | 位于两个安全出口之间的户门 | | | 位于袋形走道两侧或尽端的户门 | | |
|---|---|---|---|---|---|---|
| | 一、二级 | 三级 | 四级 | 一、二级 | 三级 | 四级 |
| 单、多层 | 40 | 35 | 25 | 22 | 20 | 15 |
| 高层 | 40 | — | — | 20 | — | — |

（资料来源：赵健彬.《住宅设计规范》图解[M].北京.机械工业出版社，2013）

住宅建筑的户门、安全出口、疏散走道和疏散楼梯的各自总净宽度应经计算确定，且户门和安全出口的净宽度不应小于0.9m，疏散走道、疏散楼梯和首层疏散外门的净宽度不应小于1.1m。建筑高度不大于18m的住宅中一边设置栏杆的疏散楼梯，其净宽度不应小于1m。建筑高度大于100m的住宅建筑应设置避难层。

# 3 住宅建筑户型竖向选型设计

住宅建筑设计经历了社会初期的摸索、发展中期的多样化创新，逐步向更合理、更有效率的成熟化方向发展。为满足城市化需求，住宅的建设规模迅速扩大，设计形式也向多样化发展，建筑高度方面也产生多样化的产品，所以住宅建筑户型竖向部分的设计和优化也同样重要。

住宅建筑层高的尺度与住宅建造造价以及能源消耗密切相关，根据《住宅设计规范》GB 50096—2011规定，普通住宅层高宜为2.8m。考虑到后期室内装修的叠加以及某些地区对通风、日照等条件的综合要求，目前在实际住宅开发建造项目中常常将住宅层高定为2.9~3m。卧室、起居室（厅）的室内净高不应低于2.4m，局部净高不应低于2.1m，且该局部室内面积不应大于室内使用面积的1/3。厨房、卫生间的室内净高不应低于2.2m，厨房、卫生间内排水横管下表面与楼面、地面净距不应低于1.9m，且不得影响门、窗等构件的开启。

## 3.1 住宅建筑户型内空间竖向变化

在住宅建筑户型空间中除了常见的平层设计以外，在市场需求的多样化影响下，竖向空间的变化也常在户型内部产生。常见的竖向变化的户型有跃层式、错层式以及复式等。

### 3.1.1 跃层式住宅

有上下两层楼面，上下层间的通道通过户型内部独用的楼梯上下连接。跃层户型除了采光面积充足，通风良好，布局紧凑等特点以外，最突出的是功能分区相对明确，通常下层公共性为主，上层私密性为主。同时在高层住宅建筑中，由于两层为一户，可以每两层设置一个电梯平台，有效缩小了电梯部分的公共面积。但由于两层只有一个疏散出入口，所以在功能布局中疏散距离的控制尤为需要注意（图4-17）。

### 3.1.2 错层式住宅

错层住宅主要体现"相错"的相对关系，主要是指户型设计不在同一个平面，和不同层的概念有所区别，错层式住宅的竖向设计相对比较复杂，需要设计者平面和竖向共同进行掌控。错层式设计在空间变化上首先应满足住户的基本生活需要。

### 3.1.3 复式

居住区住宅建筑受层高限制近几年采用复式住宅较少。复式住宅是受跃层住宅的构思变形启发，每户仍有两层，但实际是在层高较高的一层楼中加建一个夹层，复式的总层高也低于跃层住宅的总层高。通常复式层高为3.3m以上，

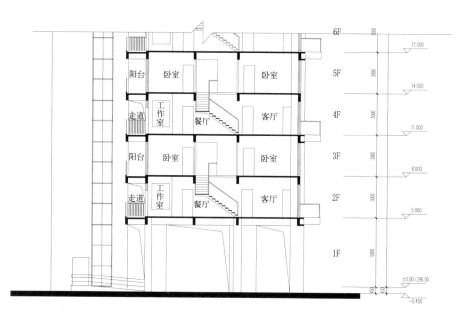

图4-17 跃层住宅建筑剖面示意图

跃层的层高一般在 5.6m 以上。

## 3.2 住宅建筑竖向公共交通空间设计

### 3.2.1 住宅建筑竖向公共交通元素

公共区域主要包括楼梯间、电梯间、设备管井、走道、入户门、入口门厅、采光窗、垃圾间等，按使用性质可分为主体公共区域和辅助公共区域。其中主体公共区域包含客用电梯间、楼梯间、走道、入户门等；辅助公共区域包括设备管井、垃圾间等附属设施。

楼梯间和电梯间是作为竖向公共部分的核心内容（图4-18），组织整个住宅建筑的竖向使用，楼梯间更是紧急情况下的疏散通道。走道和入户大堂等区域作为上下楼的室内外的过渡空间。

辅助公共区域的设备管井是该区域部分的重要内容，高度集约化的建筑设计条件下，公共区域的竖向管道需根据相关规范和设计要求，依附于主体公共空间设置。在满足安全无干扰的基本条件下优化处理，尽量做到节约空间和方便后期维护。

根据相关设计规范和防火规范，一般情况下关于竖向交通元素的变化关系归纳如图4-19所示。

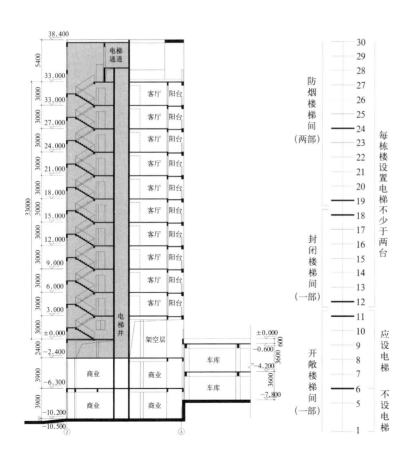

图4-18　竖向交通区域示意图（左）

图4-19　竖向疏散构件归纳图（右）

## 3.2.2 公共交通竖向构件基本尺寸

根据功能要求及住宅建筑设计相关规范，一些基本构件的尺寸存在一些共性和最小限定，主要包含楼梯间内部的电梯、楼梯、井道等。

（1）楼梯间

《住宅设计规范》GB 50096—2011对楼梯的设计参数有较为明确的限定，即住宅楼梯梯段最小净宽应为1.1m，踏步宽度不小于0.26m，高度不大于0.175m，楼梯平台净宽不得小于楼梯梯段净宽，且不得小于1.2m，楼梯平台的结构下缘至人行通道的垂直高度不应低于2m。根据以上规范条件要求，结合实际项目运用的情况，表4-8总结了不同层高下取规范最小值时楼梯间必要的踏步数及对应的必要进深。

住宅层高与踏步数的关系（单位：mm）　　　　　　　　　　表4-8

| 层高 | 楼梯段宽 | 楼梯平台净宽 | 踏步宽 | 踏步高 | 步数 |
|------|----------|--------------|--------|--------|------|
| 2800 | 1100 | 1200 | 260 | 175 | 16 |
| 2900 | 1100 | 1200 | 260 | 170.6 | 17 |
| 3000 | 1100 | 1200 | 260 | 166.7 | 18 |

（资料来源：李益，潘娟，赵月苑. 居住区规划设计[M]. 成都：西南交通大学出版社，2018）

（2）电梯间

《住宅设计规范》GB 50096—2011要求7层及7层以上的住宅或住户入口层楼面距室外设计地面的高度超过16m时须至少设置1部电梯；12层及12层以上的住宅，每栋楼设置电梯不应少于2部，且其中应设置一部可容纳担架的电梯。中高层电梯的设置根据层数和人数的关系进行详细计算。电梯的候梯厅深度是居住区住宅建筑公共区域空间设计的关键点之一，规范规定候梯厅深度不应小于多部电梯中最大轿厢的深度，且不小于1.5m。这是考虑到残疾人轮椅回旋的最小半径以及等候电梯及开门、入户等行为互不干扰的最小尺寸，一般候梯厅深度以不少于1.8m为佳（图4-20）。

（3）公共管道井

中高层住宅楼梯间的管道井包括水、暖、强弱电井等主要设备空间。一般水、暖二井可以合并，强、弱电井中间要有分隔（图4-21）。

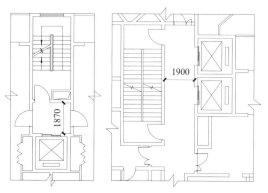

图4-20　电梯厅平面示意图（左）

图4-21　住宅建筑公共管道示意图（右）

### 3.2.3 住宅建筑的竖向交通空间设计

(1) 多层住宅建筑

3 层以上 7 层以下的住宅建筑属于多层住宅，其竖向交通主要通过双跑楼梯和升降电梯完成上下交通连接（图 4–22）。在首层出入口和顶层楼梯出入口处需注意内外高差和无障碍设计的考虑。《建筑设计防火规范》GB 50016—2014（2018 年版）中有规定：建筑高度不大于 21m 的住宅建筑可采用敞开楼梯间；与电梯井相邻布置的疏散楼梯应采用封闭楼梯间，当户门采用乙级防火门时，仍可采用敞开楼梯间。

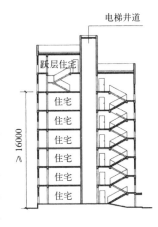

图 4–22　多层住宅竖向交通示意

(资料来源：周燕珉．住宅精细化设计 [M]．北京：中国建筑工业出版社，2008)

(2) 高层住宅建筑

高层住宅建筑主要分为板式高层建筑和塔式高层建筑。其中板式高层建筑有两种类型，一种是长廊式住宅，同层住户靠公共廊道连通，主要用于公寓楼等住宅类型。第二种是单元式拼接住宅，指由多个住宅单元组合而成，每单元均设有楼梯、电梯的高层住宅形式，以楼梯中心布置住户，由楼梯平台直接进分户门。若干个单元连在一起就拼成一个板楼，我们常见的单元住宅属于这类板式住宅，其特点是：进深小、面宽大，平面布置紧凑，户与户之间干扰小，有一梯两户至一梯多户之分，可以由多个单元拼接，南北朝向户型比较多，南北通风条件好等。板式高层须根据规范要求严格控制总面宽的尺寸。

"塔式高层"住宅是指以共用楼梯、电梯为核心布置多套住房的高层住宅，服务户数比较多，提高了经济性，其平面布局因地区差异而形成不同的轮廓。如南方地区夏季炎热，往往采用十字形、井字形平面，以其凹口解决通风的问题。北方则更强调日照，要求每户都有较好的朝向。现在的居住区规划项目中住宅建筑主要以单元式住宅和塔式住宅为主，两者的区别在于多个单元和独立单元的差别（图 4–23）。

实际工作中，为节省公共建筑面积，在满足规范要求的条件下通常将高层住宅的两部疏散楼梯设计为剪刀楼梯或者交叉楼梯。剪刀楼梯的特点是在建筑的同一位置设置了两部入口方向不同的楼梯，起到两部疏散楼梯的作用（图

图 4–23　高层建筑效果图

4-24）。无论设置什么类型的楼梯，高层建筑的楼梯和电梯，包括楼梯间、电梯前室等各元素均须严格根据相关建筑设计规范以及高层建筑防火规范进行设计。

高层住宅走廊通道根据规范要求的净宽不应小于1.2m。高层居住建筑的户门不应直接开向前室，当确有困难时，部分开向前室的户门均应为乙级防火门。所以在实际设计中，应避免所有户门直接开向消防前室。

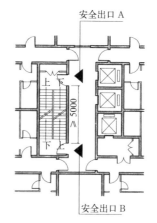

图 4-24　安全疏散出
　　入口示意
（资料来源：赵健彬.《住宅设计规范》图解[M].北京：机械工业出版社，2013）

# 4　住宅建筑群体的组合布局

## 4.1　住宅群体布局组合的原则

作为居住区规划整体结构中的主要构成元素，住宅建筑群体的布局结构和相互组合主要遵循以下几个原则：

（1）基本功能相互协调，建筑主要体现居住功能，在布局过程中重点考虑各个建筑功能的配合、相互协调联系；

（2）合理控制项目成本，尽量减少布局不合理造成的用地浪费，因地制宜选择得当的建筑类型，优化用地布局和经济技术指标；

（3）提升居住环境，通过住宅建筑群体的布局形式展现出居住区项目整体形象特色和住宅建筑丰富的空间环境。

## 4.2　住宅建筑的组合形式

住宅建筑的组合形态不仅受建筑本身形态及功能的限制，也受地形地貌和用地条件的制约。

（1）行列式

行列式布局主要用于板式单元住宅或者联排式住宅，按照一定的朝向和间距成行布局，通常有平行、交错、异形等多种形式（图4-25）。此方法可保证每户都有良好的自然日照和通风，规律的排列也便于道路、管网的设计，同时也更加契合工业化建筑技术。其主要特点是成行成列的排列，体现出住宅布局的规律性，但重复出现的类似空间容易产生枯燥感和混淆的入口。在使用此种布局手法的时候可考虑周围环境的多样化设计，让环境有丰富的景观空间，以相对活跃的空间设计来缓和重复的住宅建筑，提高建筑空间的可辨识度。

（2）围合（周边）式

住宅建筑以围合的方式来进行布局，常用于以板式建筑为主的居住区，也时常采用沿街边或者某个院落周边布置的方式，围合出封闭或者半封闭的内庭空间（图4-26）。此种布局的院落空间特性明显，相对安静，有利于形成居住街坊公共活动区域、公共绿地以及布置小型公建场地，适用于寒冷多风沙的地区。其主要特点在于地块的集约布局，提高住宅建筑的密度，但是因为围合的朝向选择受限制，会出现部分住宅朝向较差。围合式布局不适用于高差较大的地理条件，这样的布局会增大项目土石方工程量。

（3）点群式

点群式布局主要用于塔式住宅、多层点住宅式以及独栋住宅等成点状的建筑主体，围绕公共绿化区域、中心建筑等或规律或自由布置点式住宅建筑，形成多样的建筑空间（图4-27）。其主要特点是便于契合较为复杂的地形条件，布局形式更为灵活，规划结构更为丰富，但由于其外墙面积较多，不太利于节能设计，故寒冷地区慎用。

（4）混合式

实际工作中通常会根据整个项目地形条件或者周边环境因素，以及不同的住宅建筑类型而采用多种布局形式，混合式布局就是将前面提到的行列式、周边式、点群式这几种基本布局形式相结合的综合布局组合形式。

图4-25　行列式住宅
　　　　建筑布局（上）
图4-26　围合式住宅
　　　　建筑布局（中）
图4-27　点群式住宅
　　　　建筑布局（下）

## 4.3　住宅建筑的合理布局

住宅建筑的布局规划设计应注意以下事宜：

（1）选用环境条件优越的地段布置住宅，其布置应合理紧凑；

（2）面街布置的住宅，其出入口应避免直接开向城市道路和居住区级道路；

（3）在Ⅰ、Ⅱ、Ⅲ、Ⅵ、Ⅶ建筑气候区，主要应利于住宅冬季的日照、防寒、保温与防风沙的侵袭；在Ⅲ、Ⅳ建筑气候区，主要应考虑住宅夏季防热和组织自然通风、导风入室的要求；

（4）在丘陵和山区，除考虑住宅布置与主导风向的关系外，尚应重视因地形变化而产生的地方风对住宅建筑防寒、保温或自然通风的影响；

（5）利于组织居民生活、治安保卫和管理。

## 4.3.1 住宅间距

居住街坊建筑布局密度在一般情况下以及采用低层或多层高密度布局的形式时都不应超过表 4-9 所示内容。而居住区住宅布局还应满足各种关于建筑间距的要求，主要指两栋建筑物外墙之间的水平距离，包括正面间距和侧面间距。住宅间距的确定应综合考虑采光、通风、消防、防震、管线埋设、避免视线干扰等要求，其中日照间距、消防间距、卫生间距是主要影响因素；同时也需要考虑住宅朝向的适宜选择，提高住宅内外环境的相互协调，以及对住宅建筑周边环境的有效利用。

### 居住街坊建筑密度最大值控制指标（%）　　　　　　　　表4-9

| 住宅层数 | 建筑气候区划 | | | | | |
| --- | --- | --- | --- | --- | --- | --- |
| | Ⅰ、Ⅶ | | Ⅱ、Ⅵ | | Ⅲ、Ⅳ、Ⅴ | |
| | 一般情况 | 高密度 | 一般情况 | 高密度 | 一般情况 | 高密度 |
| 低层（1~3层） | 35 | 42 | 40 | 47 | 43 | 50 |
| 多层Ⅰ类（4~6层） | 28 | 32 | 30 | 38 | 32 | 42 |
| 多层Ⅱ类（7~9层） | 25 | — | 28 | — | 30 | — |
| 高层Ⅰ类（10~18层） | 20 | — | 20 | — | 22 | — |
| 高层Ⅱ类（19~26层） | 20 | — | 20 | — | 22 | — |

注：1.建筑密度是居住街坊内，住宅建筑及其便民服务设施建筑基底面积与该居住街坊用地面积的比率（%）。

　　2.“高密度”指当居住街坊住宅建筑采用低层或多层高密度布局形式时。

（1）日照间距

居住区规划设计中通常以满足日照要求作为确定建筑间距的主要依据。设计工作中以冬至日建筑最底层窗户满窗日照时间不低于 1h 为标准控制住宅建筑日照间距；老年人居住建筑日照标准不应低于冬至日日照时数 2h。为区分我国地区气候条件对建筑影响的差异性，建筑气候区划标准将全国分 7 个气候分区。不同建筑气候地区、不同规模大小的城市地区，在所规定的“日照标准日”内的“有效时间带”里，为保证住宅建筑底层窗台，即日照时间计算起点（图 4-28），达到规定的日照时数即为该地区住宅建筑日照标准（表 4-10）。

### 住宅建筑日照标准　　　　　　　　表4-10

| 建筑气候区划 | Ⅰ、Ⅱ、Ⅲ、Ⅶ气候区 | | Ⅳ气候区 | | Ⅴ、Ⅵ气候区 |
| --- | --- | --- | --- | --- | --- |
| 城区常住人口（万人） | ≥50 | <50 | ≥50 | <50 | 无限定 |
| 日照标准日 | 大寒日 | | | | 冬至日 |
| 日照时数（h） | ≥2 | ≥3 | | | ≥1 |
| 有效日照时间带（当地真太阳时） | 8时~16时 | | | | 9时~15时 |
| 日照时间计算起点 | 底层窗台面 | | | | |

注：底层窗台面是指距室内地坪0.9m高的外墙位置。

（资料来源：城市居住区规划设计标准：GB 50180—2018[S].北京：中国建筑工业出版社，2018：12）

在住宅群体组合中，为保证每户都能获得规定的日照时间和日照质量而要求住宅长轴外墙之间保持一定的距离即为日照间距。日照间距是用建筑物室外坪至房屋檐口的高度 /tan (a)，a 是各地在冬至日正午时的太阳高度角。也可以用楼高／楼间距（前排住宅高度／前后住宅的距离）比值来计算，用来表示日照间距与建筑高度的比值（图4-29）。

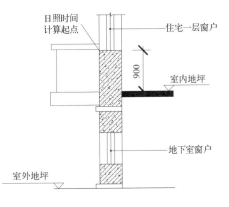

图4-28 日照时间计算起点示意图
（资料来源：赵健彬.《城市居住区规划设计规范》图解[M].北京：机械工业出版社，2015）

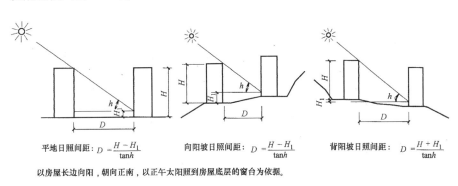

平地日照间距：$D = \dfrac{H - H_1}{\tan h}$　向阳坡日照间距：$D = \dfrac{H - H_1}{\tan h}$　背阳坡日照间距：$D = \dfrac{H + H_1}{\tan h}$

以房屋长边向阳，朝向正南，以正午太阳照到房屋底层的窗台为依据。

图4-29 日照间距示意图
（资料来源：朱家瑾.居住区规划设计[M].北京：中国建筑工业出版社，2007）
$h$—正午太阳高度角
$H$—前栋房屋檐口至地面高度
$H_1$—后栋房屋的窗户至前栋房屋地面高度

规范对于一些特定情况也有明确的说明。比如老年人居住建筑不应低于冬至日日照 2h 的标准；在原设计建筑外增加任何设施不应使相邻住宅原有日照标准降低；旧区改建的项目内新建住宅日照标准可酌情降低，但不宜低于大寒日日照 1h 的标准。间距控制要求保证每家住户能获得基本的日照量和住宅安全，同时也要考虑一些户外场地的日照需要，以及由于视线干扰引起的私密性保证问题。

住宅正面间距可按照日照标准确定的不同方位日照间距系数进行控制；也可以日照时数作为标准，参照表4-11 中的间距折减系数换算出来。住宅正面间距不得小于规定的日照间距，精确的日照间距和复杂的建筑布局形式需以计算机模拟日照分析结果为依据最终确定。

**不同方位间距折减换算表**　　　　　　　　　　　　表4-11

|  | 0~15°（含） | 15~30°（含） | 30~45°（含） | 45~60°（含） | >60° |
|---|---|---|---|---|---|
| 折减值 | 1.0L | 0.9L | 0.8L | 0.9L | 0.95L |

注：1.表中方位为正南向（0°）偏东、偏西的方位角。
　　2.L为当地正南向住宅的标准日照间距（m）。
　　3.本表指标仅适用于无其他日照遮挡的平行布置条式住宅之间。

(2) 防火间距

根据《建筑设计防火规范》GB 50016—2014（2018修订版）的要求，包括设置商业服务网点的住宅建筑在内，住宅建筑高度大于 54m 为一类高层民用建筑；建筑高度大于27且小于54m为高层二类民用建筑；建筑高度不大于27m为单、多层民用建筑。这一分类与原国家标准《建筑设计防火规范》GB 50016—2006和《高层民用建筑设计防火规范》GB 50045—1995中按9层及18层的划分标准是对应的。而住宅建筑的楼层直接受其耐火等级的限制。《住宅建筑规范》GB 50368—2005规定了住宅建筑的耐火等级划分为一、二、三、四级，其中四级耐火等级的住宅建筑最多允许建造层数为3层，三级耐火等级的住宅建筑最多允许建造层数为9层，二级耐火等级的住宅建筑最多允许建造层数为18层。也就是说低层和多层住宅的耐火等级分别允许做四级和三级，而高层住宅必须做到二级或一级。根据其耐火等级的不同，建筑之间的防火间距应符合表4-12的规定。

住宅建筑与住宅及其他民用建筑之间的防火间距（m）　　　　　表4-12

| 建筑类别 | | | 10层及10层以上住宅、高层民用建筑 | | 9层及9层以下住宅、非高层民用建筑 | | |
|---|---|---|---|---|---|---|---|
| | | | 高层建筑 | 裙房 | 耐火等级 | | |
| | | | | | 一、二级 | 三级 | 四级 |
| 9层及9层以下住宅 | 耐火等级 | 一、二级 | 9 | 6 | 6 | 7 | 9 |
| | | 三级 | 11 | 7 | 7 | 8 | 10 |
| | | 四级 | 14 | 9 | 9 | 10 | 12 |
| 10层及10层以上住宅 | | | 13 | 9 | 9 | 11 | 14 |

（资料来源：《住宅建筑规范》GB 50368—2005）

### 4.3.2　住宅的朝向选择

基于自然通风和日照对居住者的生理和心理健康都非常重要的原因，住宅建筑的朝向设计主要考虑居住环境能获得良好的自然通风和日照环境。住宅的日照受地理位置、朝向、外部遮挡等条件的限制，常常难以达到比较理想的状态，尤其在冬季，太阳高度角较小，建筑之间的相互遮挡更为严重。朝向选择需要考虑的因素主要是冬季能有适量且一定质量的阳光射入室内；夏季有良好的通风；充分利用地形，节约用地；考虑居住建筑空间组合的需要等。其中日照和通风是评价住宅室内环境质量主要的标准，适宜的朝向布置可以提升居住环境的日照条件和空气流通（表4-13）。

住宅群体通风和防风措施　　　　　表4-13

| 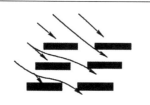 | 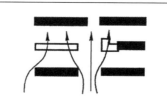 |  |
|---|---|---|
| 住宅错落布置，扩大迎风面，利用山墙间距，气流引入内部 | 公建或者低层住宅布置在多层住宅群体内，改善通风效果 | 住宅相间疏密排布，密处风速加大，改善内部通风 |

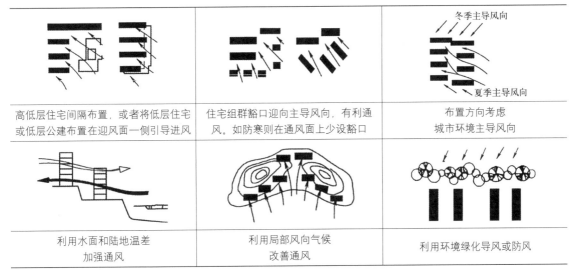

| | | |
|---|---|---|
| 高低层住宅间隔布置，或者将低层住宅或低层公建布置在迎风面一侧引导进风 | 住宅组群豁口迎向主导风向，有利通风。如防寒则在通风面上少设豁口 | 布置方向考虑城市环境主导风向 |
| 利用水面和陆地温差加强通风 | 利用局部风向气候改善通风 | 利用环境绿化导风或防风 |

（资料来源：朱家瑾. 居住区规划设计[M]. 北京：中国建筑工业出版社，2007）

我国南北气候差异较大，炎热地区的住宅建筑应该避免西晒，尽量减少光照对居住空间以及外墙面的直接照射和辐射，同时要有利于居室通风、避暑和防潮。寒冷地区居室应避免朝北，以争取更好的日照条件，并且要考虑避风和防寒。

### 4.3.3 周边环境的利用和防护

居住区周边环境也是影响住宅建筑布局考虑的重要因素。比如住宅建筑周围的噪声控制，周边城市道路的等级条件，周围地块的规划项目性质，外部景观环境的利用等。

住宅建筑区域的噪声防护措施主要通过合理组织城市区域性交通，明确居住区规划区域各级道路的主要分布，禁止和减弱居住区内车辆地穿行；从源头控制噪声的产生和削弱噪音的传递，尽量减少噪声对住宅的影响，居住区中一些主要噪声源在满足使用要求的前提下，应与住宅组群有一定距离和间距；同时还可以充分利用天然的地形屏障、绿化带来减弱部分噪声的影响，优化居住环境（表4-14）。

规划设计中住宅群体噪声防治措施

表4-14

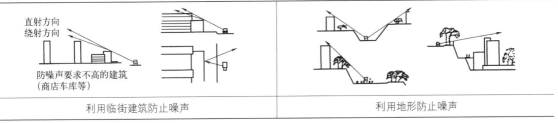

| 利用临街建筑防止噪声 | 利用地形防止噪声 |
|---|---|

| 利用绿化防止噪声 | 退后间距、绿化降低噪声 |

居住区规划设计中住宅建筑的整体布局需根据建筑选型作适度设计与功能优化，再根据实际情况采用合理的布局形式，控制建筑间距，同时考虑周围环境的积极配合，优化住宅建筑产品，提升居住区项目的整体品质。

# 第二部分　公共建筑

## 5　居住区公共建筑

居住区配套设施包括基层公共管理与公共服务设施、商业服务业设施、市政公用设施、交通场站及社区服务设施和便民服务设施。这其中涉及的主要公共建筑见表4-15。

居住区公共建筑　　　　　　　　　　　　　　表4-15

| 建筑 | 初中、小学、幼儿园、托儿所 |
| --- | --- |
| 医疗卫生 | 卫生服务中心（社区医院）、门诊部、社区卫生服务站 |
| 文体 | 体育馆（场）、全民健身中心、文化活动中心、文化活动站 |
| 商业服务 | 商场、菜市场、超市、健身房、餐饮、药店、洗衣店、美发店、便利店、邮件和快递送达设施 |
| 金融邮电 | 银行、电信营业网点、邮政 |
| 社区服务 | 社区服务中心、社区服务站、社区食堂、养老院、老年养护院、托老所、再生资源回收点、公共厕所、生活垃圾收集站、物业管理与服务用房 |
| 市政公用 | 开闭所、燃料供应站、燃气调压站、通信机房、有线电视基站、垃圾转运站、消防站、市政燃气服务网点、燃气应急抢修站 |
| 交通场站 | 轨道交通站点、公交车站、公交车首末站、非机动车停车场（库）、机动车停车场（库） |
| 行政管理及其他 | 街道办事处、司法所、派出所 |

这些公共建筑设施与居民生活紧密联系，体现居住区项目建筑风貌，满足社区活动精神需要，提升项目经济效益。居住区配套公建的配建标准须与居住人口规模或住宅建筑面积规模相匹配，且宜与居住区住宅建筑同步规划设计、同步建设以及同时投入使用。

## 5.1 居住区公共建筑的基本职能

随着国民生活水平的逐渐提高，居住区的公共建筑设施也在不断地进化功能和多样性发展来实现社会影响和构建文化氛围，在居住区中发挥着重要的职能作用。

（1）居住区公共建筑设施是城市公共服务体系的重要组成部分。居住区作为城市系统的重要元素，其公共建筑设施也是城市公共服务体系的重要组成部分，其项目设置应与居住区整体规划结构相适应，可根据具体项目的设置要求联合布置。

（2）各种项目设施为居民生活节奏提供多样的消费选择。居住区公共建筑设施提供的多种建筑功能，构建了居民紧凑多样的消费环境，充分发挥设施的经营效益。

（3）有效组织规划交通流线，创建合理的引导。公共建筑设施的合理安排可以优化居住区内部人行流线的可达性以及车行流线的安全性，保证各级公共建筑设施有合理的服务半径，适当引导车行和人行交通。同时，公共建筑设施结合不同人群出行路线、上下班人流方向、公交站点等布置，可提升各个公共建筑的实用性。

（4）公共建筑设施的外部形象和内外空间提升居住区的景观环境。公共建筑设施外部形象和居住区的整体形象合为一体，也有所区分，可展示居住区建筑形象；内外空间的打造也是提升区域景观环境的重要设计内容。

（5）公共空间是社交活动、沟通交流、宣传学习的重要场所。公共空间是邻里交往、家庭活动、亲子活动、商务活动、休闲养生、学习提升等居民生活社交活动的主要平台。

## 5.2 公共建筑的类型和特点

为满足城市居民日常生活、购物、教育、文化、社交等需要，居住区需设置相应的公共建筑设施。居住区公共建筑设施主要为本区域居民服务，也可兼顾考虑部分设施对其他区域或更大范围服务，这一点可参见第2单元配套设施分级设置的内容。在实际工作中，布置公共建筑时可结合使用频率、盈利方式以及配件标准等情况进行规划设计。

（1）按使用频率分类

较常使用：教育设施、会所休闲、菜市场、综合副食品店、物业管理、居委会等；

偶尔使用：医疗服务、餐饮住宿、零售商店、警局、街道办事处、活动中心等。

（2）按营利方式分类

营利项目：幼托、零售商店、物业管理、医疗服务、餐饮住宿、会所休闲、菜市场等；

非盈利项目：居委会、义务教育设施、警局、活动中心等。

（3）按配建标准来分类

基层生活服务配套：以1000~3000人口为规模标准，配套小规模居住环境内需要的基层设施便利店等；

基本生活需求配套：以5000~10000人口为规模标准，配套小规模教育文体、卫生医疗、商业综合等设施；

完整物质文化需求配套：配套完整教育设施（中学、小学、幼托等）、综合商贸交易、综合管理服务、文化休闲、医疗卫生等较完整的设施（图4-30）。

图4-30 某居住区完整生活服务配套

# 6 居住区公共建筑的分级配建

居住区公共服务设施的配建，主要反映在配建的项目和面积指标两个方面。公建项目及其面积确定的主要依据是居民在物质与文化生活方面的多层次需要，公建项目服务的人口规模，以及公共服务设施项目自身经营管理的要求。只有配建的项目和面积与其服务的人口规模相匹配时，才能方便居民使用和发挥各自的最大经济效益和社会效益。

## 6.1 配建项目

不同规模的居住区有其匹配的各种配套设施，详情参见第2单元表2-3和表2-4。

除此之外还可以根据项目条件及项目周围已有配套设施情况，在符合相关设计规范和标准的情况下，可对配建项目的选择和配套面积规模做适当调整。例如在较偏僻地区，流动人口较多的地区，配套设施的需求更加突出，可以适当地增加便利店、餐饮等项目或增加同类面积；如果在公共服务设施已经相对完善的商业中心地区，可以考虑减少配套设施的设置。根据城市区域环境的可持续发展的要求，随着市场经济的提升和公共服务需求的增加，需考虑适当扩张和压缩部分项目规模，为后期区域的弹性发展预留空间。

## 6.2 配建面积

居住区配套公建的项目面积以千人总指标和分类指标进行总量的控制（简称"千人指标"），具体可参见本教材第2单元表2-2，该表格表达了公共设施服务规模以每千名居民所需的各项公共服务设施的建筑面积和用地面积作控制指标，这是一个包含了多种因素的综合性指标，具有较高的总体控制作用。

根据居住区人口规模测算出公共建筑设施的用地面积和建筑面积，作为居住区项目公共建筑设计规模控制的重要依据。在满足设计标准的前提下，各类配建项目可根据规划布局形式和规划用地四周设施条件，进行合理归并和调整。确定各类项目的具体建筑面积，还应考虑项目规模的经济合理性，且应符合相关建筑设计规范要求，并结合当地城市规划要求进行设计。

## 6.3　配建位置

公共建筑的配建位置取决于不同项目与住宅建筑的交互关系，一般从住宅建筑与公共建筑之间的功能使用关系和建筑设计关系进行考虑。

### 6.3.1　公共建筑的服务半径

服务半径以空间距离为标准做表述，也可用相应的时间距离做参照，公共建筑设施应满足服务半径且方便居民，反过来，各公建项目均有相应的人口规模支撑其运营（图4-31）。具体项目的服务半径见表4-16所示。

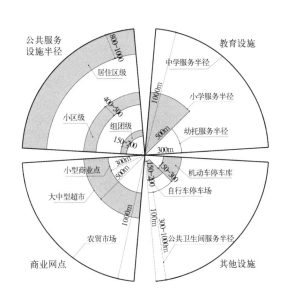

图4-31　部分公共设施的服务半径示意

各类公共建筑项目服务半径　　　　　　　　　　　　表4-16

| 项目种类 | 最大服务半径（m） | 对应居住区级别 |
| --- | --- | --- |
| 托儿所 | 300 | 五分钟生活圈居住区 |
| 幼儿园 | 300 | 五分钟生活圈居住区 |
| 小学 | 500 | 十五分钟生活圈居住区、十分钟生活圈居住区 |
| 中学 | 1000 | 十五分钟生活圈居住区、十分钟生活圈居住区 |
| 卫生服务中心（社区医院） | 1000 | 十五分钟生活圈居住区、十分钟生活圈居住区 |

| 项目种类 | 最大服务半径（m） | 对应居住区级别 |
|---|---|---|
| 门诊部 | 1000 | 十五分钟生活圈居住区、十分钟生活圈居住区 |
| 社区卫生服务站 | 300 | 五分钟生活圈居住区 |
| 体育场（馆） | 1000 | 十五分钟生活圈居住区、十分钟生活圈居住区 |
| 全民健身中心 | 1000 | 十五分钟生活圈居住区、十分钟生活圈居住区 |
| 健身房 | 1000 | 十五分钟生活圈居住区、十分钟生活圈居住区 |
| 文化活动中心 | 1000 | 十五分钟生活圈居住区、十分钟生活圈居住区 |
| 文化活动站 | 500 | 五分钟生活圈居住区 |
| 社区服务中心 | 1000 | 十五分钟生活圈居住区、十分钟生活圈居住区 |
| 社区服务站 | 300 | 五分钟生活圈居住区 |
| 街道办事处 | 1000 | 十五分钟生活圈居住区、十分钟生活圈居住区 |
| 派出所 | 800 | 十五分钟生活圈居住区、十分钟生活圈居住区 |
| 商场 | 500 | 十五分钟生活圈居住区、十分钟生活圈居住区 |
| 菜市场、生鲜超市 | 500 | 十五分钟生活圈居住区、十分钟生活圈居住区 |
| 小超市 | 300 | 五分钟生活圈居住区 |
| 邮政营业场所 | 1000 | 十五分钟生活圈居住区、十分钟生活圈居住区 |
| 轨道交通站点 | 800 | 十五分钟生活圈居住区、十分钟生活圈居住区 |
| 公交车站 | 500 | 十五分钟生活圈居住区、十分钟生活圈居住区 |
| 老年人日间照料中心 | 300 | 五分钟生活圈居住区 |
| 生活垃圾收集点 | 70 | 居住街坊 |
| 非机动车停车场（库） | 150 | 居住街坊 |

注：1. 十五分钟生活圈居住区和十分钟生活圈居住区设置燃气调压站，按每个中低压调压站符合半径500m设置，无管道燃气地区不设置。

2. 五分钟生活圈居住区设置的生活垃圾收集站采用人力收集的，服务半径宜为400m，最大不宜超过1000m；采用小型机动车收集的，服务半径不宜超过2000m。

以上配套公共建筑的服务半径必须在其相应设置要求的前提下讨论，具体项目的设置要求可参见《城市居住区规划设计标准》GB 50180—2018 附录 C "居住区配套设施规划建设控制要求"。

### 6.3.2 公共建筑与住宅建筑的相互关系

公共建筑的设计环节需要根据不同的规划布局而产生相适应的方案，这些方案往往与住宅建筑相互联系或者相互制约。

（1）共建关系：公共建筑与住宅建筑整体设计，功能相互联系，协调分区，结构体系完整。常见的有裙房和底层架空等设计手法，底部3层以下作为公共建筑部分，公共建筑以上是住宅建筑（图4-32），住宅建筑的结构体系需要考虑底层公共建筑的结构布局，

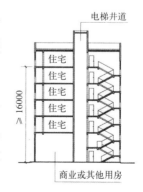

图4-32 公建设施共建关系

（资料来源：周燕珉，住宅精细化设计 [M]. 北京：中国建筑工业出版社，2008）

但应尽量规整，避免过于复杂的结构体系。

（2）脱离关系:公共建筑单独存在，与住宅建筑区域分开，功能流线明确，两者在设计界限上相互制约。独立存在的公共建筑除了体现功能以外，往往作为居住区规划项目的建筑地标或者形象代表而设立，常见的以大型商场、休闲类会所以及教育景观类公共建筑为主。

# 7 居住区公共建筑的规划布局以及选型

## 7.1 公共建筑配建设计原则

（1）根据不同项目的使用性质和居住区规划组织结构类型，采用相对集中与适当分散相结合的方式合理布局。并应利于发挥设施效益,方便经营管理、使用和减少干扰。

（2）商业服务与金融邮电、文体等有关项目宜集中布置，形成居住区各级公共活动中心。在使用方便、综合经营、互不干扰的前提下，可采用综合楼或组合体。

（3）基层服务设施的设置应方便居民，满足服务半径的要求。

根据居住区规划设计的总体布局来合理设计公共建筑的规划布局，从多个层面考虑后，采用相对合适的布局形式，提高公共建筑的使用频率，优化住户的多方面生活配套。

## 7.2 居住区内公共建筑的规划布局

公共建筑在居住区地块中集中布置的形式有沿街布置、成片布置、混合布置以及其他布置等多种形式。

### 7.2.1 沿街布置

公共建筑沿街布置的形式非常符合传统和居民生活习惯，比如商业街的形式。沿街布置形式还可分为双侧布置、单侧布置、混合式布置以及步行街等。

（1）沿街双侧布置

在街道交通量不大的情况下，双侧布置较为集中，气氛浓厚。居民穿行于街道两侧，交通量不大，节省时间。

（2）沿街单侧布置

当所临街道车流较大，或街道另一侧是绿地、水域、城市干道时，可将居民经常使用的相关公共设施布置在一侧，而把不经常使用的设施放在另一侧，可有效减少人流与车流的交叉，安全方便。沿街布置的公共建筑与街道空间的组织关系根据建筑形式的不同也有所区别（图4-33）。

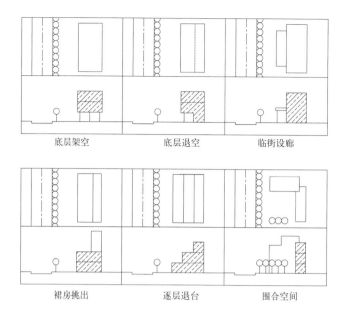

底层架空　　　　　　底层退空　　　　　　临街设廊

裙房挑出　　　　　　逐层退台　　　　　　围合空间

图4-33　临街建筑与街道空间组织关系

(3) 步行商业街

在沿街布置公共设施的形式中,将车行交通引向外围,没有车辆通行或只有少量供货车辆定时出入,形成以人行为主的步行商业街,体现步行交通和车行交通的分流,分流形式有环型、分枝型以及立体型等形式。

为创造适宜的街道空间和室内功能空间,需要在设计过程中多方考量,择优布局。设计思路上应争取外部空间作层次划分和限定;内部空间解决功能的分离和组织;加上街道景观的配合以及设备的安全运用和安置。街道空间的限定元素主要是各类公共建筑本身,公共建筑与街道空间结合的方式可灵活多样 (图4-34)。

### 7.2.2　成片布置

这是一种在与道路临接的地块内以建筑组合体或群体联合布置公共设施的形式,成片布置形式可有院落型、广场型、混合型等多种形式,其空间组织主要由建筑围合空间,辅以绿化、铺地、小品等。这样的布置方式易于形成独立的步行区,方便使用,便于管理,但交通流线比步行街复杂。根据其不同的周边条件,可有不同的交通组织形式。

图4-34　建筑与街道空间结合方式多维示意图

### 7.2.3　混合布置

这是一种沿街和成片布置相结合的形式，可综合体现两者的特点，但应根据各类建筑的功能要求和行业特点相对集中结合，同时沿街分块布置，在建筑群体艺术处理上既要考虑街景要求，又要注意片块内部空间的组合，更要合理地组织人流和货流。

### 7.2.4　其他布置

对使用频率高、服务专业性强的设施，应按其特点作针对性处理，如小学、托幼、老年设施等，需就近安排在适宜的服务半径里。对一些基层服务设施如便民店、居委会、停车场等要考虑其贴近居民的服务要求等，同时要注意展示这类设施建筑与环境景观的个性特色，为居住区公共服务空间布置增添趣味性和独特风采。

居住区公共服务设施规划布置根据不同的服务半径要求，集合不同的布局形式，采用适宜且有特色的建筑空间形式，提高居住区生活品质和建筑形象。一般来说以商业性质为主的公建空间通常采用街道式的布置形式，多有中小型商业建筑组织布局；服务管理、娱乐休闲为主的公建多爱结合广场空间联系内外功能空间。沿街布置的公建形式对改变城市面貌效果较显著，若采用商住楼的建筑形式比较节约用地，但在经营管理方面不如成片集中布置方式有利。在独立地段，成片集中布置的形式有利于充分满足各类公共建筑布置的功能要求，且易于形成完整的步行区，便于经营管理。沿街和成片相结合的混合布置方式则可吸取两种方式的优点。在具体的规划设计工作中，要根据当地居民生活习惯、建设规模、用地情况以及现状条件综合考虑，酌情选用（图4—35）。

## 7.3　居住区周边商业建筑布局

居住区周边商业的项目设置和规模与服务的人数相对应，满足服务半径的同时，宜相对集中布置，形成生活活动中心。为方便居民使用、消费，可布置在小区中心地段或小区主要出入口处，其建筑可设于住宅底层，或在独立地

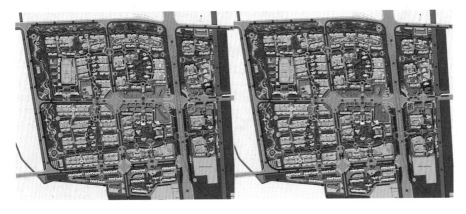

图4—35　公共建筑临街布置与集中布置示意图

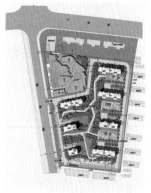

■ 特色商业街　　■ 底层沿街　　→ 商业人行
　　（运动休闲街）　　　商业区

段设置。以临街商业为例，其形式有沿街带状布置（图4-36）、成片集中布置（图4-37）和沿街与成片布置相结合（图4-38）。

图 4-36　商业建筑沿街带状布置（左）
图 4-37　商业建筑成片布置（中）
图 4-38　商业建筑综合布置（右）

## 7.4　居住区规划教育建筑布局

### 7.4.1　幼托建筑配建

　　幼托是五分钟生活圈居住区公建占地最大的项目，应独立设置，减少周围环境相互干扰，且服务半径不宜大于300m。其层高以1~2层为主，也可考虑局部三层。幼托的总平面布局须保证活动室和室外活动场地有良好的朝向和日照，并远离铁路和城市交通干道。建筑宜布置于可挡寒风的建筑物背风面，其生活用房应满足底层满窗冬至日不小于3h的日照标准。有一定面积的室外活动场地和活动器械，活动场地应有不少于1/2的活动面积在标准的建筑日照阴影线之外。

### 7.4.2　中小学建筑配建（图4-39、图4-40）

　　（1）服务半径：小学不宜大于500m，中学不宜大于1000m。

图 4-39　教育设施布局示意1（左）
图 4-40　教育设施布局示意2（右）

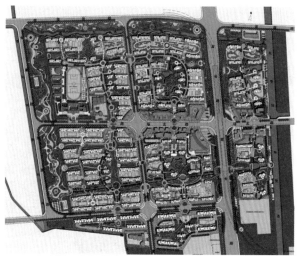

图 4-41 菜市场布局
示意

(2) 有良好的朝向和日照，教学楼应满足冬至日不小于 2h 的日照标准。

(3) 在拥有 3 所或 3 所以上中学的居住区内，应有一所设置 400m 环形跑道的运动场，球场、田径场长轴以南北向为宜。

(4) 容积率：小学不宜大于 0.8，中学不宜大于 0.9。

(5) 学校主要出入口不宜开向城镇干道，若无法避免，门前应留足缓冲地带。

(6) 主要教学用房的外墙面与铁路距离不应小于 300m，与机动车流量超过每小时 270 辆的道路距离不小于 80m，若不能满足，应采取隔声措施。

## 7.5 居住区其他公共建筑设施

除了以上在居住区规划设计中起主导作用的商业、教育公共建筑以外，还有一些公共活动场所，例如菜市场、街道综合服务中心等建筑，可考虑布置在交通便利、场地相对独立的位置（图 4-41）。居住区内公共活动中心、集贸市场和人流较多的公共建筑，必须就近配建相应规模的公共停车场（库），尽量采用地下或多层车库的形式，其面积在达到配套设施设置规模要求的基础上，还应满足表 4-17 所示内容。

配建停车场（库）的停车位控制指标（车位／100m²建筑面积）　　　表4-17

| 名称 | 非机动车 | 机动车 |
|---|---|---|
| 商场 | ≥7.5 | ≥0.45 |
| 菜市场 | ≥7.5 | ≥0.30 |
| 街道综合服务中心 | ≥7.5 | ≥0.45 |
| 社区卫生服务中心（社区医院） | ≥7.5 | ≥0.45 |

（资料来源：城市居住区规划设计标准：GB 50180—2018[S].北京：中国建筑工业出版社，2018：15）

# 8 居住区规划效果图表达案例

居住区规划效果图表达案例如图 4-42~ 图 4-45 所示。

图 4-42 某居住区项目建筑效果图

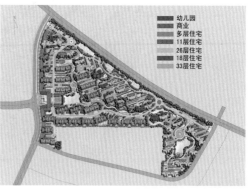

图 4-43 某居住区规划设计项目功能分析图

图 4-44 某居住区规划设计项目功能分析图

图 4-45 某居住区规划设计项目日照分析图

## 课后思考题

请根据以下居住区规划设计案例思考各建筑间距——住宅与住宅、住宅与公建。

结合国家规范要求、当地控制要求以及当地相关规范分析建筑间距。下图为重庆某居住区规划方案图的一部分信息，请同时参考《重庆市城市规划管理技术规定》中相关的住宅间距要求，进行下面的问题思考：

（1）图示各个高度建筑的半间距。

（2）按照相关规范的要求计算相应建筑的控制间距，并在下图中对应位置标明。

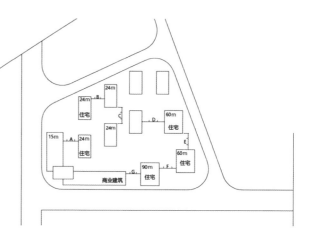

# 5

## 第5单元　居住区道路系统规划设计

# 单元简介

道路在居住区规划中具有重要作用，因此要做好居住区道路系统规划设计，必须对居住区道路分类分级、道路交通组织、停车设施等有所了解。本单元主要从居住区道路基本知识、居住区道路规划设计和居住区停车设施规划设计等方面入手，详细介绍居住区道路系统规划设计的要求和要点。

# 学习目标

（1）了解居住区道路的功能，掌握居住区道路交通的类型与分级，以及居住区道路各构成要素的详细规定。

（2）理解居住区道路系统规划的原则，并能进行居住区道路交通组织路网规划布局以及停车设施布置。

# 1 居住区道路的基本知识

居住区内的道路是居住区内的各等级道路的统称。居住区道路既是居住区的空间形态骨架，又是居住区的功能布局，更是居住区环境的有机组成部分。居住区道路交通的规划设计紧密联系着居民的日常生活，同时又密切关系着整个居住区的景观环境质量。因此，从为居民创造良好的居住环境的角度出发，应当重视居住区道路的规划设计。

## 1.1 居住区道路功能

居住区道路是城市道路在居住区内的延伸，具有多种功能：一是城市道路的有机组成部分，承担着城市道路的功能，二是承担着居住区内部的各类交通联系功能，三是居住区内布置各种基础设施和绿化景观的重要通道，同时还是邻里交往的空间场所。

### 1.1.1 道路交通

居住区内部的交通与居民的日常生活行为密切相关，主要的交通类型包括上下班、上下学的通勤性交通，购物、娱乐、消闲、交往等生活性交通，垃圾清运、居民搬家、货物运送、邮件投递等服务性交通，以及应急性交通。前两种交通为居民自身的交通行为，在设计时应最大限度地满足安全、便捷和舒适的要求。而后两种交通行为主要采用机动车，因此设计时在满足基本通行要求的前提下，要尽可能减少对居民日常生活的干扰。两侧集中布局了配套设施的道路，应形成尺度宜人的生活性街道。

### 1.1.2 道路景观

居住区道路景观是居住区室外空间环境的重要组成部分，同时也是居住区景观的重要构成要素。道路的线形、空间比例和尺度、空间形态等要素不仅决定了道路通达程度等技术层面问题，同时还对居住区室外空间景观环境的塑造、居民认知定位和居民在街道中发生的各类活动产生舒适性、特征性和美观性等心理层面的影响。

### 1.1.3 街道生活

街道生活是居住区道路生活性的重要特征。在我国传统的居住区中如街坊、里弄等，街道生活富有活力，从家门口的闲聊到中心绿地的"广场舞"等无一不体现了地域特色。居民通行、休闲散步、邻里交往等活动往往发生在街道空间内，而这些街道两侧的建筑大多是居民使用频率较高、有较大吸引力的设施。

在居住区规划设计时，应结合居民日常生活的通行、购物、进餐及休闲娱乐等活动，统筹庭院、公园、小广场等公共空间及各类配套设施的布局，塑造连续、宜人、有活力的街道空间。

## 1.2 居住区道路分级

根据国家标准《城市居住区规划设计标准》GB 50180—2018 的规定，居住区内道路的规划设计应符合国家专项设计标准《城市综合交通体系规划标准》GB/T 51328（截稿时新标准暂未发布，故涉及内容仍沿用现行标准）。居住区的路网系统应与城市道路交通系统有机衔接，居住区内各级城市道路应突出居住使用功能特征与要求，还应符合其所在城市规划的有关规范、标准。

居住区道路分级应符合所在地城市规划的有关规定，根据城市道路等级与居住区用地规模、交通工具和方式、管线敷设要求等进行分级。一般来说，居住区各级道路分为居住区级道路、小区路、组团路和宅间小路四级（图5-1）。

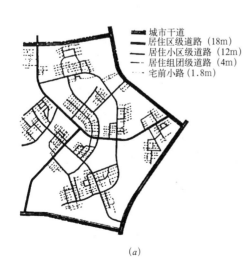

城市干道
居住区级道路（18m）
居住小区级道路（12m）
居住组团级道路（4m）
宅前小路（1.8m）

*(a)*

城市干道
居住区级道路（16~18m）
居住组团级道路（3.5~6m）
宅前小路（2m）

*(b)*

图 5-1　居住区道路网
组成示例

在规划中，结合居住区的规模大小、交通需求和地理位置等实际情况，道路分级可适当调整，如增设商业街等。

### 1.2.1　居住区级道路

居住区级道路（图 5-2）是居住区内的主干道，同时也是居住区内外联系、与城市道路网衔接的主要道路，应与道路交通系统有机衔接，可作为城市道路。

居住区道路由车行道（机动车道、非机动车道）、人行道两部分组成，道路横断面要保证车辆、行人通行及绿化（行道树、绿篱）布置的要求。道路横断面指沿道路宽度方向，垂直于道路中心线所作的剖面。一条机动车道宽度在 3~4m 之间，一条非机动车道的宽度为 1m，一条人行步道宽度一般为 0.75~1m。道路两侧的人行道、绿化一般高于或与机动车道同高，绿化占道路总宽度的比例一般为 15%~30%。此外，为保证路面的排水要求，道路横向一般有 1%~2% 的排水坡度，从中心向两侧放坡。居住区级道路的宽度，应保证机动车、非机动车及行人的通行，同时提供足够的空间供地上与地下管线的敷设，并有一定宽度供种植行道树、草坪、花卉等各类绿地。

按各构成部分的合理尺度，居住区级道路的最小红线宽度一般不宜小于 20m，必要时可增宽至 30m。机动车道与非机动车道在一般情况下采用混行方式，车行道宽度不应小于 9m。

### 1.2.2　居住小区级道路

居住小区级道路（图 5-3）是居住区内的次干道，是居住小区的主要道路，起到小区对外联系、各居住组团划分的作用。主要满足小区内部的机动车、非机动车与人行交通的通行需求，不允许引进公交线路，同时，需要考虑消防、救护车辆的通行。小区级道路的车道宽度，要满足两辆机动车错车的要求，一般情况下为 6~9m。

考虑市政管线敷设要求，在非采暖区六种基本管线（给水、雨水、污水、电力、电信、燃气），建筑控制线间距的最小限值为 10m；在采暖区，由于暖气沟埋设要求，建筑控制线的最小宽度为 14m。

图 5-2　居住区级道路（左）

图 5-3　居住小区级道路（右）

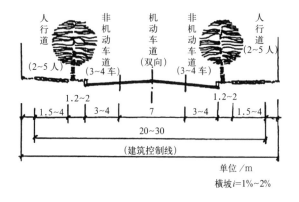

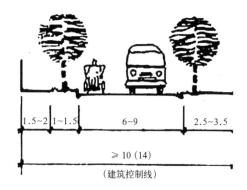

### 1.2.3 居住组团级道路

居住组团级道路（图5-4）是居住小区的支路，起组团内外联系功能。路面人车混行，主要通行内部管理机动车、非机动车和行人。组团级道路一般人车混行，按一条自行车道和一条人行道双向计算，路面宽度为4m。在用地条件有限的地区可采用3m，若需利用路面排水、两侧砌筑道牙时，路面宽度扩大至5m。为满足地下管线的埋设要求，道路两侧建筑控制线之间的宽度，无供热管道区不小于8m，需敷设供热管道区不小于10m。

### 1.2.4 宅间小路

宅间小路（图5-5）是进出住宅及庭院空间的最末级道路，平时主要是自行车及人行交通，但要满足清运垃圾、救护、消防和搬运家具等需要。按照居住区内部小型机动车辆低速缓行的通行宽度考虑，宅间小路的路面宽度为2.5~3m。为了兼顾必要时大货车、消防车的通行，道路两侧至少要各留出宽度不小于1m的路肩。

## 1.3 居住区道路规划设计原则

居住区要为居民提供安全便捷、尺度适宜、公交优先、步行友好的出行环境，影响因素是多方面的，而主要的影响因素是居住区的居住人口规模、规划布局形式、用地周围的交通条件、居民出行的方式与行为轨迹和本地区的地理气候条件，以及城市交通系统特征、交通设施发展水平等。在确定居住区路网系统的规划中，应避免不顾当地的客观条件，主观地画定不切实际的图形或机械套用某种模式。同时，还要综合考虑居住区内各项建筑及配套设施的布置要求，使被路网分隔的各个地块能合理地安排下不同功能要求的建设内容。在旧区改建中，还应保留和利用有历史文化价值的街道，延续原有的城市肌理。

居住区路网系统规划应遵循以下基本原则：

（1）安全便捷。居住区道路系统规划中首先应满足道路通达性的要求，居住区内的主要道路应满足线型尽可能顺畅，以方便消防、救护、搬家、清运垃圾等机动车辆的转弯和出入；居住建筑的布局与内部道路密切联系，减少使用人员出行时的往返迂回。其次，良好的道路网应该是在满足交通功能的前提下，尽可能减小道路长度和道路用地。同时，居住区内道路规划要符合国家有

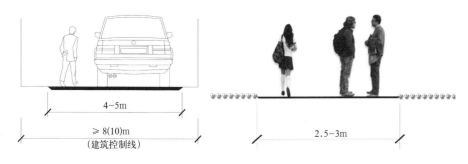

图5-4 居住组团级道路（左）

图5-5 宅间小路(右)

关应急防灾的安全管控要求，保证有通畅的疏散通道及连接的应急避难场所。在发生各类自然或人为灾害以及电气火灾、水管破裂、煤气泄露等次生灾害时，保证消防、救护、工程救险等车辆的出入。居住区内的支路设计应采取交通稳静化措施，适当控制机动车行驶速度。

（2）尺度适宜。不同等级城市道路将城市用地划分为不同的规模大小，居住区分布在这些地块内，具有不同的尺度。在居住区规划设计中，应以限定了规模和尺度的居住街坊为基本生活单元，提高路网密度，减小居民步行距离。还应按照居民出行的特征和类型，确定合理的各配套设施距离，如教育设施、医疗卫生设施、居委会等行政管理服务设施、社会福利设施、文化体育设施等。

（3）公交优先。随着城市化水平的提高和交通需求的增加，城市交通问题日益突出，单靠扩宽路面和增加道路已无法满足日益增长的交通需求。因此，我国提出了"公交优先"发展策略，以改善和解决城市交通拥挤问题。公交优先就是在道路交通资源一定的条件下，给予公交车辆较多的道路交通资源，提高居民生活出行效率，提高地面公共交通的服务水平和通行效率。在居住区规划设计中，按照居民出行目的和距离合理设置公交停靠站，尽量减少交通噪声对道路两侧的建筑物尤其是住宅和教育设施等的干扰，通过细致的交通管理创造安全、安宁的居住生活环境。

（4）步行友好。居住区的慢行交通系统规划时，步行系统规划主要考虑安全性、舒适性、便捷性及无障碍要求，在城市道路尺度、林荫路覆盖程度、步行可达性、减少人车矛盾等方面予以优化，并与行人过街设施、公共交通站点、地铁出入口等联系便捷。居住区道路断面形式应满足适宜步行及自行车骑行的要求，人行道宽度不应小于2.5m。

# 2 居住区道路规划设计

## 2.1 交通组织

居住区交通与日常生活行为紧密联系，按照交通方式划分的交通类型有步行交通、非机动车交通和机动车交通。依据一般人的步行能力分析，步行舒适距离是300~500m，超过1000m就开始感觉疲劳；自行车2~3km比较轻松，超过5km就有费劲的感觉。因此，居住区道路的规划设计应当以此为基础，采取"小街区、密路网"的交通组织方式，路网密度不应小于8km/km²，城市道路间距不应超过300m，宜为150~250m，并应与居住街坊的布局相结合。居住区的交通组织方式可分为三种形式：人车混行、人车完全分流、人车部分分流等三种基本方式。

### 2.1.1 人车混行

人车混行方式即机动交通和人行交通共同使用一套路网系统，设计时使

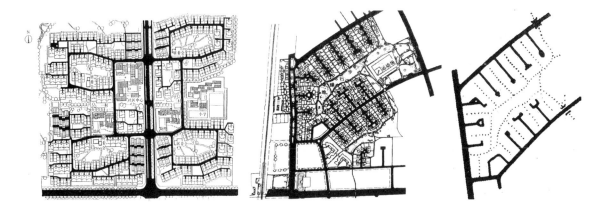

人与车共处于一个断面上，仅在居住区道路横断面两侧设置高差将车行道和人行道隔离。这种方式能提高土地利用效率、经济性好，但人车相互存在干扰，有一定的安全隐患（图5-6）。

图 5-6　人车混行交通组织（左）
图 5-7　美国雷德朋居住区的交通组织（中）
图 5-8　雷德朋居住区人车分行系统（右）

### 2.1.2　人车分行

"人车分行"交通组织方式是20世纪20年代在美国提出，并首先在纽约郊区的雷德朋（Radbrun）居住区中实施（图5-7）。这是一种适用于居住区内大量居民使用汽车后的道路组织方式。这种交通组织体系的优点在于能保证居住区内部居住生活环境的安静与安全，避免大量的私人机动车交通对居住生活质量产生影响。在人车分行的居住区交通组织中，车行交通和步行交通互不干扰，车行道与步行道各自形成独立的道路系统。

这种方式必须组织步行道路系统和车行道路系统，并在空间上各自独立（图5-8）。步行交通系统应连续、安全、符合无障碍要求，并与居民日常生活设施、绿地、休闲场所、儿童游乐设施等户外活动空间及住宅组团、建筑出入口等相连。车行系统不应穿越居住区，可围绕居住区设置成枝状或者环状尽端式，并与居住区的停车设施结合设置，如结合小区地下车库的出入口等设计。消防通道与主干道形成环状道路系统，满足紧急救护、消防或搬运家具等的通行需求。

### 2.1.3　人车局部分流

人车局部分流形式（图5-9）是以上两种方式的混用方式，在经济性和适用性方面具有较大优点，因此，在我国常采用人车局部分流的方式（图5-10）。此种方式路网结构清晰（图5-11），布局简洁，同时又能保证舒适的居住环境，一般采用互通型的布局形式。

## 2.2　道路网络

居住区道路网布置形式（图5-12）主要有环通式、尽端式、半环式、内环式、风车式，还有多种基本形式相结合的混合式或自由式等形式。在地形较平坦的地区，因用地条件较好，一般路网设计较为规则；而在地形较复杂的山地居住区，因用地局促或地形变化较大，为减少对地形的改造，道路依山就势布置，道路网络形式相对比较自由，一般采用自由式或混合式等道路网络。

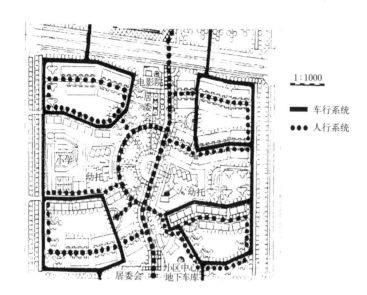

图5-9 人车局部分流
道路网络形式

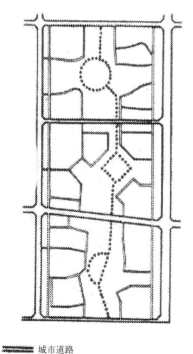

图5-10 深圳莲花居
住区人车局部分行
交通组织（左）
图5-11 人车局部分
行的路网系统（右）

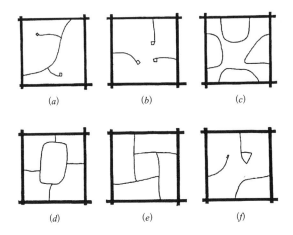

图 5-12 居住区道路
网络形式
(a) 环通式;
(b) 尽端式;
(c) 半环式;
(d) 内环式;
(e) 风车式;
(f) 混合式

## 2.3 道路线形

道路线形指居住区内车行道路的形状，包括平面线形与纵断面线形，并受用地条件、地形地貌、居住区功能与结构的影响。道路线形（包括平面线形与纵断面线形）由直线、曲线组合而成。曲线长度和直线长度均不能太短，以利于车辆顺利通过。对线形起控制作用的部位有居住区的车行出入口、道路交叉点、转弯点、尽端车场的位置等。

### 2.3.1 平面线形

在道路转折处，居住区出入口及居住区内交叉口等地，为保证具有一定速度的车辆安全、平稳的通过，必须用曲线连接。这种曲线一般采用圆曲线。连接折线的圆曲线半径就是道路的转弯半径（图 5-13）。连接道路交叉口的曲线叫缘石半径。转弯半径及缘石半径的大小，由通行车辆的种类、速度等确定（表 5-1）。

居住区内的尽端式车行道长度不超过 120m，为方便车辆进退、转弯或调头，应在道路的尽端设置回车场。回车场尺寸不小于 12m×12m。供大型消防车使用时，不宜小于 18m×18m。机动车回车场的基本形式与尺寸如图 5-14 所示。

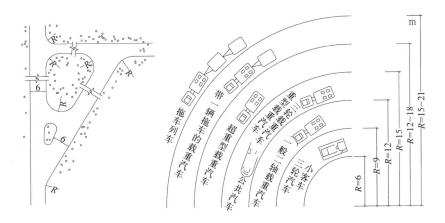

图 5-13　道路转弯半径（m）

居住区道路圆曲线最小半径及最小长度 表5-1

| 设计行车速度（km/h） | 40 | 30 | 20 |
|---|---|---|---|
| 圆曲线最小半径（m） | 70 | 40 | 20 |
| 圆曲线最小长度（m） | 35 | 25 | 20 |

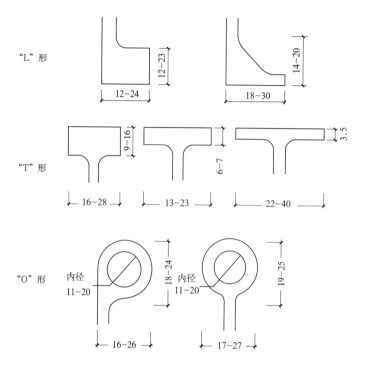

图 5-14　回车场的形状与尺寸（m）

### 2.3.2　道路坡度

坡度为道路单位长度上升或下降的高度，用％表示。为确保居住区内的行车安全与舒适，道路纵坡宜缓顺，起伏不宜频繁。为保证排水需要，道路的最小纵坡一般不低于0.3％~0.5％。道路的最大纵坡，考虑非机动车通行时不超过3％，一般情况下不超过8％，并符合表5-2的规定。

附属道路最大纵坡控制指标（单位：％） 表5-2

| 道路类别及其控制内容 | 最大纵坡 | 积雪或冰冻地区 |
|---|---|---|
| 机动车道 | 8.0 | 6.0 |
| 非机动车道 | 3.0 | 2.0 |
| 步行系统人行梯道 | 8.0 | 4.0 |

（资料来源：《城市居住区规划设计标准》GB 50180—2018）

### 2.3.3　出入口

（1）居住区内主要附属道路至少应有两个车行出入口连接城市道路，其路面宽度不应小于4m。

（2）居住（小）区在城市交通性干道上的出口时，设置间距在150m以上。

（3）居住区、居住小区车行道与城市级或居住区级道路的交角不宜小于75°，应尽可能采用正交，以简化路口的交通组织。当居住区道路与城市道路交角超出规定时，可在居住区道路的出口路段增设平曲线变道来满足要求。在山区或用地有限制地区，才允许出现交角小于75°的交叉口，但必须对路口作必要的处理。当居住区内道路坡度较大时，应设缓冲段与城市道路相接。

（4）人行出口间距不宜超过200m。

### 2.3.4　道路边缘至建、构筑物最小距离

居住区内道路边缘至建筑物、构筑物的最小距离见表5-3。

居住区道路边缘至建筑物、构筑物最小距离（m）　　　　　　表5-3

| 与建、构筑物关系 | | 城市道路 | 附属道路 |
|---|---|---|---|
| 建筑物面向道路 | 无出入口 | 3.0 | 2.0 |
| | 有出入口 | 5.0 | 2.5 |
| 建筑物山墙面向道路 | | 2.0 | 1.5 |
| 围墙面向道路 | | 1.0 | 1.5 |

（资料来源：《城市居住区规划设计标准》GB 50180—2018）

## 3　居住区停车设施规划设计

居住区的停车设施，包括机动车和非机动车的室内外停车场和停车库，在居住区内的布局常采用集中和分散相结合的方式，以便于掌握适宜的服务半径。随着我国经济的发展、居民生活水平的提高，私家车保有量不断上升，居住区原来设置的停车位已明显不足。停车位不足，会影响居住区的居住体验，同时乱停车等问题会对居住区周边交通产生不良影响。为了解决停车设施不足的问题，不同地区的新建居住区在规划设计时对停车位配比有所规定，例如我国沿海及发达城市要求新建住宅小区车位配比为1：1，即达到一户一个车位。停车位的数量需根据地区经济发展水平、居住区的类型以及居住人群，按适当超前原则确定。同时，居住街坊内应配置临时停车场。

居住区机动车停车场（位）的规划布置应根据整个居住小区的整体道路交通组织规划来安排，以方便、经济、安全为原则，采用集中与分散相结合的布置方式，并根据居住区的不同情况可采用室外、室内、半地下或地下等多种存车方式。停车场（位）的布置不能影响环境的美观，要尽可能减少空气污染、噪声干扰且应节约用地。机动车停车场应设置无障碍机动车位，并应为老年人、残疾人专用车等新型交通工具和辅助工具留有必要的发展余地。非机动车停车场应设置在方便居民使用的位置。

## 3.1　停放方式

按车身纵向与通道的夹角关系分类，车辆停放形式（图5-15）有垂直式、平行式和斜放式3种，斜放式又包括交叉斜放式、60°斜放式、30°斜放式、45°斜放式。

垂直式最常见，该方式单位面积内停车位最多，但所需用地较宽，车辆进出时需倒车，行车通道要求较宽；平行式所需停车带较窄，驶出车辆方便，但占地最长，单位长度内停车位最少；斜放式停车带宽度可随用地宽度调整停车角度，场地受限时常采用，车辆进出方便，但单位停车面积比垂直式大，特别是30°斜放式占用面积最多，较少采用。

## 3.2　停车场地内部交通组织

场内水平交通组织应协调停车位与行车通道的关系（图5-16）。常见的有一侧通道一侧停车、中间通道两侧停车、两侧通道中间停车以及环形通道四周停车等多种关系。行车通道可为单车道或双车道，双车道比较合理，但用地面积较大。中间通道两侧停车，行车通道利用率较高，目前国内外采用这种形式较多。两侧通车中间停车时，若只停一排车，则可一侧顺进，一侧顺出，进出车位迅速、安全，但占地面积大得多，只对有紧急进出车要求的情况采用，一般中间停两排车。此外，当采用环形通道时，应尽可能减少车辆的转弯次数。

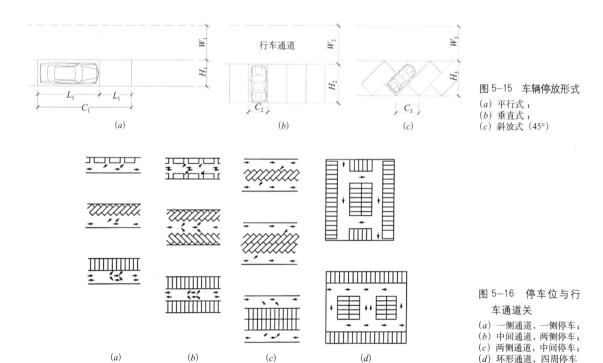

图5-15　车辆停放形式
(a) 平行式；
(b) 垂直式；
(c) 斜放式（45°）

图5-16　停车位与行车通道关
(a) 一侧通道，一侧停车；
(b) 中间通道，两侧停车；
(c) 两侧通道，中间停车；
(d) 环形通道，四周停车

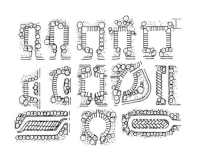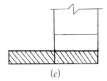

图 5-17　地面停车位
　　　　布置方式（左）
图 5-18　地下停车基
　　　　本形式（右）
(a) 单建式；
(b) 附建式；
(c) 混合式

## 3.3　停车设施的布置形式

（1）传统地面停车是一种使用方便、经济实用的停车方式，但停车位占用的地面面积大，同时地面停车对居住区环境会产生负面影响。随着我国私家车保有量近年来的迅速增长，地面停车所带来的不利影响日益突出。根据《城市居住区规划设计标准》GB 50180—2018 的有关规定，地上停车位应优先考虑设置多层停车库或机械式停车设施，地面停车位数量不宜超过住宅总套数的10%。传统的地面停车方式主要有路面停车、露天停车场等，停车位布置方式如图 5-17 所示。

（2）住宅底层停车多用于多层和高层住宅居住区，可有效利用空间，依附住宅建筑结构而节省了部分造价，但同时也受到建筑结构的限制。

（3）地下停车是居住区重要的停车方式，能高效利用土地，便于对车辆进行管理，对居住区的环境影响最小，如图 5-18 所示。可分为单建式和附建式地下车库。前者在地面上没有其他建筑物，通常布置在中心广场、集中绿地或居住区的道路上，后者则是利用建筑地下室建设的。

（4）立体车库按运输方式可以分为机械式和自走式。自走式是指存取车过程均由司机自行开入和开出的立体车库，一般采用坡道式出入车。机械式是用机械传动机构把车存到某一泊位或从某一泊位取出，占地少，对地形适应性强、可大限度地利用空间，车辆存放安全性高、拆卸方便。

## 3.4　住宅停车位指标

居住区应配套设置居民机动车和非机动车停车场（库），但因各地区经济发展水平、机动化发展水平、居住区所在区位、用地及公共交通条件的不同，各省市的住宅停车位指标各有当地的规定，如《重庆市城市规划管理技术规定》中规定见表 5-4。

重庆市主城区停车位配建标准表

表5-4

| 序号 | 建筑使用功能 | 单位 | 指标 |
|---|---|---|---|
| 1 | 普通住宅（建筑面积＞100m²） | 车位/100m²建筑面积 | 1.0 |
| 2 | 普通住宅（建筑面积≥100m²） | 车位/100m²建筑面积 | 0.8 |

| 序号 | 建筑使用功能 | 单位 | 指标 |
|------|------------|------|------|
| 3 | 公共租赁房、安置房 | 车位/100m²建筑面积 | 0.34 |
| 4 | 廉租房 | 车位/100m²建筑面积 | 0.2 |

## 课后思考题

1. 居住区道路交通的类型包括哪些以及各自的分级指标。

2. 居住区道路宽度、线型、道路设施有哪些相关规定。

3. 简述居住区道路系统规划的基本原则和道路布置的基本形式。

4. 分析人车分行、人车混行和部分分型各自的优缺点和适用范围。

5. 分析各类停车方式的优劣和适用范围。

# 第6单元 室外公共空间
景观及绿化设计

## 单元简介

居住区景观的布局和设计对提升居住区整体居住环境质量具有重要作用。本单元内容以居住区室外空间景观设计为主线，分别介绍了居住区景观的构成、居住区绿地的组成及指标、居住区不同等级绿地规划设计要点及居住区景观要素的设计要求。

## 学习目标

（1）掌握居住区景观规划设计的概念、功能及原则。

（2）熟悉居住区各类绿地及景观要素的设计要点。

## 1 居住区景观的构成及功能

随着经济的发展和社会生活水平的不断提高，人们的居住观念也发生了很大的转变，从只对户型、面积等实用性感兴趣转变为对居住区的空间环境质量越来越重视。居住区的空间景观环境逐渐成为人们选择居住区的一个重要标准，并直接影响商品住宅的销售。

## 1.1 居住区景观的内容

居住区景观根据组成元素的不同，可以分为以下类别：

（1）绿地景观：包括居住区各级绿地、各部位绿化等，在设计时不仅要考虑植物配置的艺术性，更要考虑植物的生态性。绿地应结合场地雨水排放进行设计，并宜采用雨水花园、下凹式绿地、景观水体、干塘、树池、植草沟等具备调蓄雨水功能的绿化方式（图6-1）

（2）场所景观：包括老年人和儿童活动区（图6-2）、休闲广场（图6-3）等户外活动空间，设计时应充分考虑居住区内全龄化使用对象的特点和需求。

（3）水景景观：包括自然水景、泳池水景、庭院水景等。人具有亲水性，在居住环境中水景若设计得当，能有效提升居住品质。

（a）

（b）

图6-1 居住区植物造景

图6-2　居住区儿童活动区（左）
图6-3　居住区休闲广场（右）

（4）环境小品及设施景观：主要包括环境中的建筑、雕塑小品及休息设施、照明设施、卫生设施等。

## 1.2　居住区景观的功能

（1）居住区景观包含了建筑、绿化、小品等实体要素，以及环境的历史、文脉、特色等精神要素。一方面可以丰富居民的居住体验，提高愉悦程度，消除疲劳、振奋精神，另一方面，可以增强居民对居住环境的认同感，产生归属感，并提升居住区的精神内涵。

（2）为居民提供舒适愉悦的休闲、游憩、交往等场所，成为邻里之间的交往空间，创造居住区和睦、有活力的社会文化环境。

（3）居住区绿地景观可以改善城市小气候，在夏季主导风向上使绿化开口有利于凉爽的风进入居住区，为置身其中的人们防暑降温；而冬季时能降低整个居住区的风速，迎着冬季主导风向种植密集的乔木灌木林能够防止寒风侵袭，在起风时还可以降低尘土飞扬的程度；平静无风时绿地又能促进空气流动。在沿街的一侧配置绿化，可以减少道路交通噪声、有害气体等对居住区的干扰。

（4）居住区室外景观空间可作为灾难发生时的疏散通道与防灾避难场所。

## 2　居住区绿地的组成、指标及规划原则

## 2.1　绿地的组成

（1）公共绿地。指各级生活圈居住区配套规划建设的公共绿地，以及能开展休闲、体育活动的居住区公园等（图6-4）。

（2）居住街坊附属绿地。指居住街坊内结合住宅建筑布局设置的集中绿地和宅旁绿地（图6-5、图6-6）。

（3）公建附属绿地。指居住区公建用地和公用设施周围环境内的绿地。如幼儿园、中小学、医院、影剧院等用地内的绿化用地。

（4）道路附属绿地。指居住区内各级各种道路用地红线内的绿地。

图6-4 居住区公共绿
地（左）
图6-5 台湾某住宅的
宅旁绿地（中）
图6-6 宅旁绿地近景
（右）

## 2.2 公共绿地的指标

### 2.2.1 公共绿地分级指标

居住区公共绿地根据居民生活需求，通常可分为居住区公园、儿童公园、小游园、儿童游戏和休息场地。公共绿地可按照十五分钟生活圈居住区、十分钟生活圈居住区、五分钟生活圈居住区三级设置。

公共绿地控制指标 表6-1

| 类别 | 人均公共绿地面积（m²/人） | 居住区公园 | | 备注 |
| --- | --- | --- | --- | --- |
| | | 最小规模（hm²） | 最小宽度（m） | |
| 十五分钟生活圈居住区 | 2.0 | 5.0 | 80 | 不含十分钟生活圈及以下级居住区的公共绿地指标 |
| 十分钟生活圈居住区 | 1.0 | 1.0 | 50 | 不含五分钟生活圈及以下级居住区的公共绿地指标 |
| 五分钟生活圈居住区 | 1.0 | 0.4 | 30 | 不含居住街坊的绿地指标 |

注：居住区公园中应设置10%~15%的体育活动场地。
（资料来源：城市居住区规划设计标准：GB 50180—2018[S].北京：中国建筑工业出版社，2018：11）

从我国国情来说，各地区、各楼盘的自然、经济等环境都存在差异，但总体来说新建的各级生活圈公共绿地控制指标应符合表6-1的要求。

当旧区改建确实无法满足表6-1的规定时，可采取多点分布以及立体绿化等方式改善居住环境，但人均公共绿地面积不应低于相应控制指标的70%。

居住区人均公共绿地面积的计算方法如下：

$$居住区人均公共绿地 = \frac{居住区公共绿地}{居住区居民人数} \times 100\%$$

### 2.2.2 居住街坊内的绿地指标

居住街坊内的绿地应结合住宅建筑布局设置集中绿地和宅旁绿地。根据我国现行标准《城市居住区规划设计标准》GB 50180—2018的规定，居住街坊内集中绿地的规划建设，应根据居住人口规模分别达到：新区建设不应低于0.5m²/人，旧区改建不应低于0.35m²/人。宽度不应小于8m。在标准的建筑日照阴影线范围之外的绿地面积不应少于1/3，其中应设置老年人、儿童活动场地。

居住街坊内绿地面积的计算应按照《城市居住区规划设计标准》GB 50180—2018 附录 A.0.2 的规定，并符合所在城市绿地管理的有关规定。满足当地植树绿化覆土要求的屋顶绿地可计入绿地。当绿地边界与城市道路临接时，应算至道路红线；当与居住街坊附属道路临接时，应算至路面边缘；当与建筑物临接时，应算至距房屋墙脚 1m 处；当与围墙、院墙临接时，应算至墙脚。

居住街坊内集中绿地的面积计算应按照：当集中绿地与城市道路临接时，应算至道路红线；当与居住街坊附属道路临接时，应算至路面边缘 1m 处；当与建筑物临接时，应算至距房屋墙脚 1.5m 处。

居住街坊用地控制中，绿地率的计算方法如下：

$$绿地率 = \frac{居住区各类绿地面积}{居住区总用地面积} \times 100\%$$

## 2.3 规划原则

居住区规划设计应尊重气候及地形地貌等自然条件，并应塑造舒适宜人的居住环境。居住区环境景观设计应遵循以下原则：

### 2.3.1 整体性

居住区的绿地景观设计应具有整体性，即在对居住区所在地的气候、地形地貌、历史文化背景等作深入的调查分析和发掘后，结合民风民俗、地域特征和时代风貌，综合居住区区位、道路布局、地形处理等，为下一步的规划设计确定正确的方向。通过建筑布局形成适度围合、尺度适宜的庭院空间；结合配套设施的布局塑造连续、宜人、有活力的街道空间；构建动静分区合理、边界清晰连续的小游园、小广场。

### 2.3.2 生态性

居住区绿地景观设计要结合原有生态格局包括地形，水体的位置、形态、规模，原有植被的比例种类等要素，宜保留并利用已有的树木和水体，种植适宜当地气候和土壤条件、对居民无害的植物，在充分尊重自然生态系统的前提下，合理规划人工景观，并采用乔、灌、草相结合的复层绿化方式。在满足设计要求的同时，重视现代技术与自然生态的融合，创造出整体有序、协调共生的居住环境，保持该地块的生态活力。

### 2.3.3 舒适性

居住区的舒适性主要表现在环境景观给人带来视觉和精神的双重感受。通过对人的行为模式和习惯进行了解，如人对亲水性、领域感、交往等各方面的需求，统筹庭院、街道、公园及小广场等公共空间，形成连续、完整的公共空间系统。通过营造优美的环境景观，为居民提供亲近自然、舒适宜人的精神感受。

### 2.3.4 特色化

在塑造居住区景观绿地特色的过程中，曾经一度出现了脱离本土的文化底蕴与风格特色，一味追求法式、意式、英式等风格。我国历史悠久，幅员辽阔，各地的自然气候、文化特征都各具特点，在居住区绿地景观规划中应充分地利用地形地貌特点，设置景观小品美化生活环境，塑造富有创意的景观空间。

# 3 居住区绿地规划设计

居住区内绿地建设及其绿化应遵循适用、美观、经济、安全的原则。建设时，适宜绿化的用地均应进行绿化，并可采用立体绿化的方式丰富景观层次、增加环境绿量。应充分考虑场地及住宅建设冬季日照和夏季遮阴的需求。

此外，规划设计中还应考虑有活动设施的绿地，应符合无障碍设计要求，并与居住区无障碍系统相衔接。

## 3.1 公共绿地

### 3.1.1 居住区公园

居住区公园是居住区配套建设的集中绿地，主要供居住区的居民就近使用，但也可以对任何人开放。其面积较大，规模不小于10000m²。位置应当设计适中，与居住区级道路相邻，并开设主出入口，服务半径800~1000m，居民步行15分钟以内到达。居住区公园可与居住区的公共建筑、社会服务设施结合布置，形成居住区的公共活动中心，以利于提高使用效率，节约用地。

居住区公园是城市绿化空间的延续，又是居民日常休闲游憩的环境，因此在规划设计上应区别于城市公园，设计时要特别注重居住区居民的使用要求，设置适于活动的广场、充满情趣的雕塑、园林小品、疏林草地、儿童活动场所、休息设施等，适合各年龄人群休息、活动，并应能满足居民对游憩、散步、运动、健身、游览、游乐、服务、管理等方面的需求。

由于在居住区公园内户外活动时间较长、频率较高的使用对象主要是儿童及老年人，园内有明显的功能分区，设置儿童活动设施、老人活动区等。同时，在规划中应更多地考虑使用者的特性，如在老人活动区可适当地多种一些常绿树，使环境空气清新，景色宜人；如专供儿童活动的场地，不要设在道路交叉口，选址既要方便青少年集中活动，又要避免交通事故。植物配置应选用夏季遮阴效果好的落叶大乔木，结合活动设施布置疏林地，用常绿绿篱分隔空间和绿地外围，并成行种植大乔木以减弱喧闹声对周围住户的影响。在大树下加以铺装，设置桌椅及儿童活动设施，以利老人休息或看管孩子。

### 3.1.2 小游园

小游园面积相对较小，功能亦较简单，为居住区内提供茶余饭后就近活动休息的场所，主要服务对象是老人和少年儿童。园内应有一定的功能划分，设置较为简单的文体设施，如儿童游戏设施、花坛水面、树木花草、铺装地面等，以满足居民休憩、散步、运动等需求。

游园的规模一般不小于4000m²，服务半径一般为400~500m，此类绿地的位置多与居住区的公共中心结合，也可以设置在小区级道路一侧，并向其开设主出入口。

小游园绿地多采用自然式布置形式，可创造出自然而别致的环境，通过曲折流畅的弧线形道路，结合地形起伏变化，在有限的面积中取得理想的景观效果。游园以植物造景为主，植物配置需考虑四季景观，如春华秋实、夏阴冬雪，同时与建筑、山石、水体融为一体。

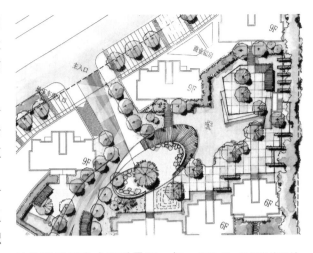

图6-7 居住街坊绿地规划平面图

### 3.1.3 集中绿地

集中绿地（图6-7）的服务半径为60~200m，居民步行几分钟即可到达公共绿地。此类绿地一般呈块状及带状，同时满足宽度不小于8m，面积不小于400m²。

居住街坊绿地主要供居住街坊内居民休憩、游戏，不宜过多建造园林小品，应以植物造景为主，基本设施包括儿童游戏设施、铺装地面、庭院灯、桌椅等。

## 3.2 宅旁绿地

宅旁绿地属于住宅用地的一部分，是居住区绿地中重要的组成部分，虽然宅旁绿地面积不计入公共绿地指标，但它是住宅内部空间与公共绿地的延续和补充。宅旁绿地应有利于阻挡外界视线、噪声和尘土，为居民创造一个安静、舒适、卫生的生活环境。同时，宅旁绿地的布置还应与住宅的整体风格相协调。设计时根据庭院的大小、建筑物高度色彩风格的不同，选择适合的树种、形态优美的植物来创造出美观、舒适的宅旁绿地空间。靠近房基处不宜种植乔木或大灌木，以免遮挡窗户，影响通风和室内采光，而在住宅西向一面需要栽植高大落叶乔木，以遮挡夏季日晒。此外，宅旁绿地应配置耐踩踏的草坪，在阴影区宜种植耐阴植物。

## 3.3 公建附属绿地

公共设施内的附属庭院场地是内外人员主要活动区域，靠近建筑附近的绿地应注意植物配置形式与建筑布置形式相协调，而且要为建筑建立绿色屏障，创造怡人的环境。场地一般面积不大，设备较简单，便于管理，但设计巧妙，能为人们提供休息、交谈或举行一些小型文娱活动的场所。

## 3.4 道路附属绿地

道路作为车辆和人员的通行路径，应具有明确的导向性。道路两侧的环境景观应符合导向要求，在设计手法上利用道路的延伸感和两侧景观的配置，达到步移景异的视觉效果。在满足交通需求的同时，道路又是重要的视线通廊。因此，要注意道路的对景设计，在道路尽端安排景物，沿道路轴线布置休闲性人行道、并串连花台、亭廊、水景、游乐场等，形成丰富的环境景观层次。

居住区级道路因人车通行比较频繁，应在人行道和居住建筑之间多行列植或丛植乔灌木，以草坪、灌木、乔木形成多层次复合结构的带状绿地，以起到防尘隔音作用。小区级道路绿化以人行为主，也常是居民散步之地，因此可以选择较为活泼的树木配置，树种选择时以小乔木及开花灌木为主，并且每条路选择不同的树种，使每条路的种植各有特色，景观富有辨识度。组团级道路一般以人行为主，绿化多采用灌木。道路绿地设计时，有的步行路与交叉口可适当放宽，并与休息活动场地结合，形成小景点。由于道路较窄，可选种中小型乔木。

# 4 居住区景观要素设计

## 4.1 设计内容

居住区景观的组成元素不仅包含园林绿化，还包含了构成空间环境的各类要素如园林小品、休闲设施、停车场地、公共服务设施等。居住区景观设计不仅体现在各种造园要素的布置、设计上，更重要的是各要素有机组合，共同形成居住区的空间环境。

居住区景观要素设计内容包括：居住区整体环境的色彩；绿地的设计；道路广场的铺装设计；各类场地和设施的设计；室外照明设计；环境设施小品的布置和造型设计等。

## 4.2 景观要素的规划布置

### 4.2.1 休闲广场

居住区休闲广场是居民交流、休闲、娱乐的重要场所，通常设置在居住区的人流集散地，如主要出入口、中心绿地等处。广场上应保证良好的日照和通风条件，功能上满足人车集散、社会交往、不同人群活动的需求。应多考虑用一些不规则的小巧灵活的构图方式，形成大小不一的地块，使场地既能提供用于个人交往的小尺度私密空间，又可用于大型公共活动的举行。

### 4.2.2 儿童活动场地

居住区的儿童户外活动频率较高，儿童活动场地应选择通风良好、阳光充足又适当遮阳的场地，同时要避免车辆的干扰。儿童活动场地设计中应考虑不同年龄段儿童的活动特点，动静结合，既考虑儿童活动需求，又合理布置成便于人看护的设施，如图6-8、图6-9所示。

### 4.2.3　运动健身场地

居住区运动健身场地一般包括网球场、羽毛球场、篮球场、室外游泳池和一般健身活动场地。健身运动场应分散在居住区内方便居民又不扰民的区域，不允许有机动车穿越运动场地，如图6-10、图6-11所示。

### 4.2.4　老年人活动场地

老年人易感到孤独和乏味，因此居住区老年人活动场地的设计应引导老年人参与户外活动，如散步、练功、休息或交谈等。根据老年人活动空间的功能要求，一般设置中心活动区、小群体活动区和私密性活动区。在居住区中心绿地、公共通道等空间，可设置老年人聚集、娱乐、交往的场所（图6-12）；居住街坊绿地中设置有一定围合感、适合老人交谈和阅读的活动空间（图6-13）。老年人活动场地应保证路面平整、便于通行，同时应做好防滑、防突出物等措施。

图6-8　五分钟生活圈
　　　居住区儿童活动场
　　　地（左）
图6-9　居住街坊级儿
　　　童活动场地（右）

图6-10　居住区运动
　　　　健身场地（左）
图6-11　居住区运动
　　　　健身场地（右）

图6-12　满足交往心
　　　　理的老年人活动场
　　　　地（左）
图6-13　静态老年人
　　　　活动场地（右）

## 4.3 水景

居住区水景应结合场地特点、气候和地形等条件，对区内雨水的收集与排放进行统筹设计，如充分利用场地内原有的坑塘、沟渠、水面，设计为与居住区景观相协调的水体。水景主要有以下类型：自然水景、庭院水景、瀑布、溪流、喷泉、泳池等。南方地区应考虑设施的亲水性，为居民提供亲水环境；北方地区应考虑冬季结冰期水景的景观效果，见图6-14、图6-15。

## 4.4 环境设施小品规划设计

### 4.4.1 建筑小品

建筑小品是指一些小体量的建（构）筑物，既有建筑的功能要求，又在环境中具有景观效果（图6-16），主要有亭、廊、棚架等形式。由于建筑小品是居住区中重要的交往空间，因此，常布置在居民户外活动的集散地，同时结合水景、绿化和活动场地的设计，是居住区景观的中心。

图6-14 模仿自然驳岸的水景（左）

图6-15 庭院水景（右）

*(a)* *(b)*

*(c)* *(d)*

图6-16 建筑小品
*(a)* 中式亭；
*(b)* 钢架玻璃顶混凝土柱廊；
*(c)* 木质花架；
*(d)* 木质廊

### 4.4.2　雕塑

雕塑小品（图6-17）通常是居住区景观的视觉中心，给人们带来视觉审美和精神享受，同时还体现了居住区所在地域的文化特征。雕塑在设计时应与周围环境协调，并以其鲜明的主题和精神，点缀空间，使空间富有意境，从而体现居住区的人文精神。

### 4.4.3　便民设施

由于五分钟生活圈和十分钟生活圈居住区内的绿地居民日常使用率较高，需要有一些相应的配套设施来满足居民日常休闲、健身、娱乐的需求。

休息座椅（图6-18）：满足居民的休憩交流需求，座椅的形式、造型、色彩等随环境需要而变化。设计时可采用单人、双人以及可供群聚的环形座椅等，以适应不同人群户外活动的需求。

照明（图6-19）：可延长居民的户外活动时间，丰富居住区夜晚的景致，保障居民夜间活动的安全性，同时还可以营造居住区温馨而柔和的室外光环境。设计时要考虑灯光的射向和照度，不应影响居民的正常生活。柱式灯具适用于道路、广场等，短柱式灯具适合于小型开放空间或草坪。

垃圾箱（图6-20）：是庭院中必不可少的卫生设施。设计中，首先应考虑如何使其方便居民使用，同时应不影响环境的要求，便于垃圾的清理与回收。

（a）　　　　　　（b）　　　　　　（c）　　　　　　（d）

图6-17　雕塑
(a) 石雕；
(b) 木雕；
(c) 庭院中的雕塑；
(d) 水景中的雕塑

（a）　　　　　　　　（b）　　　　　　　　（c）

图6-18　休息座椅
(a) 造型优美的长凳；
(b) 舒适安全的座椅；
(c) 户外座椅围合的休息空间

（a）　　　　　　（b）　　　　　　（c）　　　　　　（d）

图6-19　照明
(a) 柱式庭院灯；
(b) 柱式广场；
(c) 景观庭院灯；
(d) 短柱式草坪灯

(a)　　　　　　　　　　(b)　　　　　　　　　(c)

图 6-20　垃圾箱
(a) 镂空垃圾箱；
(b) 木质垃圾箱；
(c) 与绿化结合的垃圾箱

## 4.4.4　地面铺装

居住区公共绿地活动场地、居住街坊附属道路及附属绿地的活动场地的铺装，在符合有关功能性要求的前提下，应满足透水性的要求。道路和广场在居住区中是人们通行和活动的主要场地，因此它们的地面铺装材料、色彩、铺砌方式将对居住区的整体效果产生较大影响。小游园、小广场等硬质铺装应通过设计满足透水要求，实现雨水下渗至土壤或通过疏水、导水设施导入土壤，减少建设行为对自然生态系统的损害。小游园、小广场宜采用透水砖和透水混凝土铺装，小游园或绿地中的步行路还可采用鹅卵石、碎石等透水铺装（图 6-21）。

 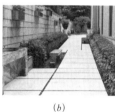 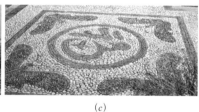

(a)　　　　　　　　　(b)　　　　　　　　　　(c)

图 6-21　地面铺装
(a) 卵石铺地；
(b) 石材铺地；
(c) 砖石铺地

## 4.4.5　工程设施小品

工程设施小品的布置应符合工程技术要求，如在山地地形常设置护坡（图 6-22）、挡墙台阶坡道等工程设施。台阶坡道（图 6-23）是连接不同地面高差的主要设施，还能起到丰富空间层次的作用。挡土墙的景观效果由其用材决定，可采用条石、预制混凝土块等砌筑，见图 6-24。

图 6-22　结合植物造景的护坡（左）
图 6-23　台 阶 步 道（中）
图 6-24　石 砌 挡 土 墙（右）

### 课后思考题

1. 居住区景观的功能及规划原则。
2. 居住区绿地有哪几个等级。
3. 简述居住区景观要素设计内容。

# 7

## 第7单元　居住区市政规划

## 单元简介

本单元学习居住区规划设计中市政工程规划的相关知识。单元内容包括居住区市政工程系统；居住区市政规划内容；居住区各工程系统的主要标准和规范；居住区管线综合规划原则、图纸内容和表达等。

## 学习目标

通过本单元学习，应达到以下目标：
（1）掌握居住区市政规划涉及的工程系统和主要内容；
（2）掌握居住区市政规划中各工程系统规划的主要内容、标准和规范；
（3）掌握居住区管线综合规划的原则、图纸内容和表达方式。

# 1 居住区市政规划内容

## 1.1 居住区市政工程系统

居住区市政工程系统由居住区给水、排水、供电、燃气、供热、通信、环卫、防灾等工程组成，它们有着各自的功能，保障居住区的正常使用。

## 1.2 居住区工程管线分类

居住区工程管线按性能与用途、敷设方式、埋设深度、弯曲程度和输送方式的不同分为若干类型。

### 1.2.1 按性能与用途分类

按性能与用途，居住区工程管线可分为：
（1）给水管道：包括生活给水和消防给水。
（2）排水管道：包括雨水、污水管道，以及居住区周边的排洪、截洪管渠等。
（3）中水管道：污水、废水经中水处理设施净化后产生的再生水称为中水，可用于洗车、浇花、冲洗卫生间、喷洒道路等，输送中水的管道称为中水管道。
（4）燃气管道：包括人工煤气、天然气、液化石油气等管道。
（5）热力管道：包括热水、蒸汽等管道。
（6）电力线路：包括高低压输配电线路。
（7）电信线路：包括电话、有线电视及宽带网等管线。

### 1.2.2 按敷设方式分类

按管线敷设方式，居住区工程管线可分为架空架设线路和地下埋设线路。

而地下埋设线路又可细分为直埋管线和沟埋管线。

传统的架空架设线路主要有电力线路、电信线路和道路照明线路。

地下埋设线路指在地面以下有一定覆土深度的工程管线。直埋管线主要有给水管线、雨水管线、污水管线、燃气管线、热力管线、电信管线等。而所有居住区工程管线均可沟埋。因为架空敷设方式容易破坏环境的完整和美观，所以现在的新建居住区一般不再采用这种敷设方式；基本采用埋地敷设方式。而在地下埋设线路中，沟埋管线又是发展趋势。

### 1.2.3 按埋设深度分类

按管道的覆土深度，居住区工程管线可分为深埋管线和浅埋管线。一般以管线覆土深度超过1.5m作为划分深埋和浅埋的分界线。在北方寒冷地区，由于冰冻线较深，给水管道、雨水管道、污水管道以及含有水分的煤气管道需深埋敷设；而热力管道、电力线路、电信线路不受冰冻的影响，可采用浅埋敷设方式。在南方地区，由于冰冻线不存在或较浅，给水管道也可以浅埋；而排水管道需要符合一定的坡度要求，且应布置在多种管道的下方，所以排水管道往往处于深埋状况。

### 1.2.4 按弯曲程度分类

按工程管线弯曲程度，居住区工程管线可分为易弯曲管线和不易弯曲管线两种类型。这与各工程管线采用的管道材料有关。

易弯曲管线指通过某些加工措施将其弯曲的工程管线，如电信电缆、电力电缆、自来水管道等。

不易弯曲管线指通过加工措施将其弯曲的工程管线或强行弯曲会损坏的工程管线，如雨水管道、污水管道等。

### 1.2.5 按输送方式分类

按各类管线的承压情况，居住区工程管线可分为压力管道和重力自流管道。

压力管道指管道内流体介质由外部施加力使其流动的工程管线，通过一定的加压设备，将流体介质由管道系统输送给终端用户。给水、燃气、热力管道系为压力输送。

重力自流管道指管道内流动着的介质由重力作用沿其设置的方向流动的工程管线。这类管线有时还需要中途提升设备将流体介质引向终端。雨水、污水管道系为重力自流输送，特殊情况下也需要采用压力管道输送。

## 1.3 居住区市政工程规划内容

城市居住区市政工程规划首先要对规划范围内的现状工程设施、管线进行调查、核实，再依据各专业总体工程规划和分区工程规划确定的技术标准、工程设施和管线布局，计算居住区内的各项工程设施的负荷（需求量），布置工程设施和工程管线，提出有关设施、管线布局、敷设方式以及防护规定。在基本确定工程设施和工程管线的布置后，进行规划范围内工程管线综合规划，检验和协调各工程管线的布置，若发现矛盾，应及时反馈各专业工程规划和居住区详细规划，提出调整和协调建议，以便完善居住区规划布局。

# 2 居住区市政规划主要规范、标准

## 2.1 给水工程规划

居住区给水工程规划的主要内容包括：确定用水量定额，估算居住区总用水量；合理选择给水水源；布置输水和给水管网，估算管径，估算工程造价等。

### 2.1.1 居住区给水水源

居住区给水水源应取自城镇或厂矿的生活给水管网；若居住区离城镇或厂矿较远，不能直接利用现有供水管网，需敷设专门的输水管线时，可经技术经济比较，确定是否自备水源。居住区自备水源的给水管网未经当地供水部门同意，不得与城镇给水管网直接连接。此外，在严重缺水地区，应考虑建设居住区中水工程，需符合现行《建筑中水设计规范》GB 50336—2018 中的规定。

### 2.1.2 居住区给水量预测

居住区给水量预测和计算可选用分类加和法，即分别对综合生活用水量、市政用水量、管网漏失水量和未预见用水量等进行预测，获得各类用水量，再进行加和。

综合生活用水为城市居民生活用水和公共设施用水之和，不包括浇洒道路、绿化等市政用水和管网漏失水量等。综合生活用水量标准，常按L／（人·d）计，应根据居住区所在城市的地理位置、水资源状况、社会经济发展与居民生活水平、居住区的规模与公共建筑情况等因素，在一定时期用水量和现状用水量调查基础上，结合节水要求，综合分析确定。当缺乏相关资料时，可参照现行国家标准《城市给水工程规划规范》GB 50282—2016 中城市人均综合生活用水量指标判断，见表7–1。

综合生活用水量指标[L／（人·d）]　　　　　　表7–1

| 区域 | 城市规模 | | | | | | |
| --- | --- | --- | --- | --- | --- | --- | --- |
| | 超大城市 (P≥1000) | 特大城市 (500≤P <1000) | 大城市 | | 中等城市 (50≤P <300) | 小城市 | |
| | | | Ⅰ型 (300≤P <500) | Ⅱ型 (100≤P <300) | | Ⅰ型 (20≤P <50) | Ⅱ型 (P<20) |
| 一区 | 250~480 | 240~450 | 230~420 | 220~400 | 200~380 | 190~350 | 180~320 |

| 区域 | 城市规模 | | | | | | |
|---|---|---|---|---|---|---|---|
| | 超大城市 (P≥1000) | 特大城市 (500≤P <1000) | 大城市 | | 中等城市 (50≤P <300) | 小城市 | |
| | | | Ⅰ型 (300≤P <500) | Ⅱ型 (100≤P <300) | | Ⅰ型 (20≤P <50) | Ⅱ型 (P<20) |
| 二区 | 200~300 | 170~280 | 160~270 | 150~260 | 130~240 | 120~230 | 110~220 |
| 三区 | — | — | — | 150~250 | 130~230 | 120~220 | 110~210 |

注：1. 一区包括：湖北省、湖南省、江西省、浙江省、福建省、广东省、广西壮族自治区、海南省、上海市、江苏省、安徽省；

二区包括：重庆市、四川省、贵州省、云南省、黑龙江省、吉林省、辽宁省、北京市、天津市、河北省、山西省、河南省、山东省、宁夏回族自治区、山西省、内蒙古自治区河套以东和甘肃省黄河以东地区；

三区包括：新疆维吾尔自治区、青海省、西藏自治区、内蒙古自治区河套以西和甘肃省黄河以西地区。

2. 综合生活用水为城市居民生活用水与公共设施用水之和，不包括市政用水和管网漏失水量。

3. P为城区常住人口，单位：万人。

浇洒道路、绿化等市政用水量应当根据路面种类、绿化面积、气候和土壤等条件等确定。其中，浇洒道路、广场用水可按照浇洒面积以 2~3L/（m²·d）计算；浇洒绿地用水量包括公共绿地用水量和居民院落绿化用水量，可按浇洒面积以 1~3L/（m²·d）计算。

居住区管网漏失水量与未预见用水量之和可按综合生活用水量和市政用水量之和的 10%~20% 计算。

以上所得用水量之和为居住区的最高日用水量。居住区供水所需水资源量为最高日用水量除以日变化系数再乘以供水天数计算求得。在管网计算时，需按最高日的最高时流量进行计算，即在最高日用水量基础上乘以时变化系数。日变化系数与时变化系数应根据居住区规模、供水系统布局，结合现状供水曲线和日用水变化分析确定。缺乏资料时，日变化系数宜采用 1.1~1.5，时变化系数宜采用 1.2~1.6。

### 2.1.3　居住区供水方式

居住区的供水方式应根据区内建筑高度、建筑布局、市政给水管网的情况和居民对水量、水质、水压的要求等因素综合考虑来确定，做到技术先进合理、供水安全可靠、节资节能、便于管理，包括统一给水、分质给水、分压给水和循环给水等。

对于多层建筑的居住区，当城镇管网的水压和水量满足使用时，应充分利用现有管网的水压，采用直接供水方式；当水量、水压周期性或经常不足时，采用调蓄增压供水方式。对于高层建筑为主的居住区，一般采用调蓄增压供水方式；对于多层和高层建筑混合的居住区，应采用分压供水方式，以节省动力消耗。

调蓄增压系统设置应根据高层建筑的数量、分布、高度、用途管理及供水安全可靠性等因素，经技术经济比较后确定。当居住区内高层建筑不多，且各栋所需压力相差很大时，宜分散布置，即每一栋建筑物单独设调蓄增压设施；当区内若干栋高层建筑高度和所需供水压力相近，布置较集中时，可共用一套调蓄增压设施采用分片集中设置方式；当居住区内所有建筑的高度和所需水压相近时，可集中设置，即整个居住区共用一套调蓄增压设施。

居住区独立设置的水泵房，宜靠近用水大户。居住区水池、水塔和高位水箱（池）的有效容积应根据小区生活用水量的调蓄贮水量、安全贮水量和消防贮水量确定。其中生活用水的调蓄贮水量无资料时，水池可按居住区最高日用水量的20%~30%确定；而水塔和高位水箱（池），可按表7-2确定。

水塔和高位水箱（池）生活用水的调蓄贮水量 表7-2

| 居住小区最高日用水量（m³） | <100 | 101~300 | 301~500 | 501~1000 | 1001~2000 | 2001~4000 |
|---|---|---|---|---|---|---|
| 调蓄贮水量占最高日用水量的百分数 | 20%~30% | 15%~20% | 12%~15% | 8%~15% | 6%~8% | 4%~6% |

消防给水：多层建筑居住区中的7层及7层以下建筑一般不设室内消防给水系统，由室外消火栓和消防车灭火，宜采用生活和消防共用的给水系统。有高层建筑的居住区宜采用生活和消防各自独立的供水系统。具体要求参照现行国家标准《建筑设计防火规范》GB 50016—2014。

对于严重缺水的地区，可采用生活饮用水和中水的分质供水方式。无合格水源地区，可考虑采用深度处理水（供饮用）和一般处理水（供洗涤、冲厕等）的分质供水方式。

居住区供水方式的选择受许多因素的影响，应根据城镇供水现状、居住区规模及用水要求，对各种供水方式的技术指标（如先进性、供水可靠性、水质保证、调节能力、操作管理、压力稳定程度等）、经济指标（如基建投资、动力消耗、供水成本、节能等）和社会环境指标（如环境影响、施工方便程度、占地面积、市容美观等）经综合评判确定。

### 2.1.4 居住区给水管网

居住区给水管道包括干管、支管和接户管三类。在布置给水管网时，应按干管、支管、接户管的顺序依次进行。

居住区给水管网，宜布置成环网，或与市政给水管道连接成环网；支管和接户管可布置为枝状。给水管道应沿区内道路平行于建筑物敷设，宜敷设在人行道、慢车道或绿化带下，并尽量减少与其他管道的交叉。干管宜沿用水量较大的地段布置，以最短距离向大用户供水。

给水管道布置时，与其他管道平行或交叉敷设的水平和垂直净距应根据两种管道的类型、埋深、施工检修的相互影响、管道上附属构筑物的大小和当地有关规定等条件确定，应符合现行《城市工程管线综合规划规范》GB 50289—2016 的相关规定。

给水管道埋设的深度，应根据土地冰冻深度、车辆荷载、管道材质及强度、管道与管道交叉阀门的高度等因素确定，且不得小于 0.7m。

为便于管网的调节和检修，应在与城市管网连接处的干管上、与居住区干管连接的支管上、与支管连接的接户管上及环状管网需调节和检修等处设置阀门。居住区内，城市消火栓保护不到的区域应设室外消火栓，设置要求应按现行的《建筑设计防火规范》GB 50016—2014 执行。当居住区绿化和道路需洒水时，可设洒水栓，其间距不宜大于 80m。

## 2.2 排水工程规划

居住区排水工程规划的主要内容包括：预测居住区排水量；确定排水体制；布置排水设施种类、数量、位置和用地；确定雨水滞蓄空间；布置排水管道并计算管径与标高。

### 2.2.1 居住区排水量预测

居住区的排水管道，是建筑给水排水管道向市政排水管道的过渡管段，其服务范围不同，排水的不均匀系数也不相同。所以，居住区排水的设计流量与建筑内部和城市给水、排水设计流量的计算方法均不相同。居住区的生活污水排水量是指生活用水使用后能排入污水管道的流量，其数值应该等于生活用水减去不可回收的水量。一般情况下，生活排水量为生活给水量的 80%~90%。但考虑到地下水经管道接口渗入管内、雨水经检查井口流入及其他原因可能使排水量增大。所以，居住区生活排水的最大时流量取与生活给水最大时流量相同，也包括居民生活排水量和公共建筑排水量。居住区生活排水定额和小时变化系数与生活用水定额和小时变化系数相同。

居住区雨水设计流量的计算与城市雨水相同，其中雨水管渠设计重现期应根据所在地区性质和城镇类型，同时结合地形特点和气候特征等因素，经技术经济比较后确定。也可按现行《室外排水设计规范》GB 50014 的规定选取，见表 7-3。虽然我国目前雨水管渠设计重现期与之前相比有所提高，但与发达国家相比仍然偏低，因此应在规划设计中依据具体情况，适当提高我国雨水管渠的设计重现期。此外，为防止和应对居住区内涝，应根据所在城镇类型、给水影响程度和内河水位变化等因素，经技术经济比较后按表 7-4 选取内涝防治设计重现期。居住区的径流系数按表 7-5 取值，汇水面积的综合径流系数应按地面种类加权平均计算，也可根据建筑稠密程度按表 7-6 取值，但应核实地面种类的组成和比例。综合径流系数高于 7.0 的地区应采用渗透、调蓄等雨洪管理措施。设计降雨历时包括地面集水时间和管内流行时间两部分。地面集水时间根据距离长短、地面坡度和地面覆盖情况而定，一般地面集水距离的合理范围是 50~150m，而采用的集水时间为 5~15min。

**雨水管渠设计重现期（年）**  表7-3

| 城镇类型＼城区类型 | 中心城区 | 非中心城区 | 中心城区的重要地区 | 中心城区地下通道和下沉式广场等 |
|---|---|---|---|---|
| 超大城市和特大城市 | 3~5 | 2~3 | 5~10 | 30~50 |
| 大城市 | 2~5 | 2~3 | 5~10 | 20~30 |
| 中等城市和小城市 | 2~3 | 2~3 | 3~5 | 10~20 |

注：1. 按表中所列重现期设计暴雨强度公式时，均采用年最大法。
2. 雨水管渠应按重力流、满管流计算。
3. 超大城市指城区常住人口在1000万以上的城市；特大城市指城区常住人口在500万以上1000万以下的城市；大城市指城区常住人口100万以上500万以下的城市；中等城市指城区常住人口50万以上100万以下的城市；小城市指城区常住人口在50万以下的城市（以上包括本数，以下不包括本数）。

**内涝防治设计重现期（年）**  表7-4

| 城镇类型 | 重现期（年） | 地面积水设计标准 |
|---|---|---|
| 超大城市 | 100 | 1. 居民住宅和工商业建筑物的底层不进水；2. 道路中一条车道的积水深度不超过15cm |
| 特大城市 | 50~100 | |
| 大城市 | 30~50 | |
| 中等城市和小城市 | 20~30 | |

注：1. 表中所列重现期适用于采用年最大值法确定的暴雨强度公式。
2. 表中规定的地面积水设计标准没有包括具体的积水时间，各城市应根据地区重要性等因素，因地制宜确定设计地面积水时间。
3. 超大城市指城区常住人口在1000万以上的城市；特大城市指城区常住人口在500万以上1000万以下的城市；大城市指城区常住人口100万以上500万以下的城市；中等城市指城区常住人口50万以上100万以下的城市；小城市指城区常住人口在50万以下的城市（以上包括本数，以下不包括本数）。

**径流系数**  表7-5

| 地面种类 | $\Psi$ |
|---|---|
| 各种屋面、混凝土或沥青路面 | 0.85~0.95 |
| 大块石铺砌路面或沥青表面各种的碎石路面 | 0.55~0.65 |
| 级配碎石路面 | 0.40~0.50 |
| 干砌砖石或碎石路面 | 0.35~0.40 |
| 非铺砌土路面 | 0.25~0.35 |
| 公园或绿地 | 0.10~0.20 |

| | 综合径流系数 | 表7-6 |
|---|---|---|
| 区域情况 | | Ψ |
| 城镇建筑密集区 | | 0.60~0.70 |
| 城镇建筑较密集区 | | 0.45~0.60 |
| 城镇建筑稀疏区 | | 0.20~0.45 |

居住区排水系统采用合流制时，设计流量为生活排水流量与雨水设计流量之和。生活排水量可取平均流量。雨水设计流量计算时，设计重现期宜高于同一情况下分流制雨水排水系统的设计重现期。

### 2.2.2 排水体制

居住区排水体制应根据城镇排水制度、环境保护要求、地区降雨特征、受纳水体环境容量等，综合分析比较后确定。鉴于我国目前的城市水环境状况，原则上，除年均降雨量200mm以下的干旱地区外，新建与改造居住区的排水系统应采用雨污分流制；不具备改造条件的合流制地区可采用截流式合流制排水系统，但应注意调蓄和处理相结合，尽可能减少合流制溢流污染。

污水处理体制主要分以下几种情况：①直接排入污水管网，至城市污水处理厂集中处理；②居住区规模较大时，周围尚未建设城市污水管网的，应进行污水处理设施建设；③需进行中水回用时，应设置分质、分流排水系统，将污水回收处理后作低质用水使用，如环境清洁用水、绿化用水等。

居住区雨水除就近排入水体和城市管网外，可利用居住区内的河流、湿地、坑塘、绿地、广场、开放式运动场等空间布置防涝调蓄设施，进行雨洪管理。还可考虑与消防、景观用途结合。

### 2.2.3 排水网络的布置与敷设

居住区排水管道应根据居住区规划、道路和建筑物布置、地形标高、污水、废水和雨水的流向等实际情况，按照管线短、埋深小、尽量自流排出的原则布置。管道一般应沿道路或建筑物平行敷设，尽量减少与其他管线的交叉。

排水管道与建筑物基础间的最小水平净距与管道的埋设深浅有关，当管道埋深浅于建筑物基础时，最小水平净距不小于2.5m；反之，则最小水平间距不小于3.0m。

居住区排水管道的覆土层厚度应根据地面荷载、管材强度和土壤冰冻深度和土壤性质等因素，结合当地埋管经验确定。管顶最小覆土深度在人行道下宜为0.6m，在车行道下宜为0.7m。无法满足要求时需对管道采取加固措施。一般情况下，排水管道应埋设在冰冻线以下，当有可靠依据时，也可埋设在冰冻线上，应综合比较投资情况与运行风险进行确定。管道的基础和接口应根据地质条件、布置位置、施工条件、地下水位、排水性质等因素确定。

排水管道交汇、转弯、跌水、管径或坡度改变处以及直线管段上每隔一定距离处应设检查井。直线管段上检查井最大间距应根据疏通方法等具体情况确定，一般宜按表7-7取值。雨水口的形式、数量和布置应按汇水面积所产生的雨水流量、雨水口的泄流能力和道路形式确定。雨水口宜设置污物截留设施，合流制系统中的雨水口应采取措施防止臭气外溢。雨水口间距宜在25~50m之间。

检查井最大间距　　　　　　　　　　表7-7

| 管径或暗渠净高（mm） | 最大间距（m） | |
| --- | --- | --- |
| | 污水管道 | 雨水（合流）管道 |
| 200~400 | 40 | 50 |
| 500~700 | 60 | 70 |
| 800~1000 | 80 | 90 |
| 1100~1500 | 100 | 120 |
| 1600~2000 | 120 | 120 |

### 2.2.4　污水处理

小区污水处理按处理程度分一级处理、二级处理和深度处理三级。一级处理通常指化粪池型处理方式，二级处理指污水处理一体化装置和污水处理站处理方式。深度处理方式通常指传统工艺在接触氧化池中加各种填料，以生化处理原理来降低污水中的各种污染物，从而使处理水达到排放标准。

居住区污水处理设施的建设应由城镇排水工程总体规划统筹确定，并尽量纳入城镇集中处理工程范围。若新建小区远离城镇或城镇近期不设污水处理厂，居住区污水无法排入城镇管网时，居住区内应分散或集中生活污水处理设施。目前，由于化粪池清掏不及时且往往达不到处理效果，我国居住区的分散污水处理设施已逐步由按二级生物处理要求设计分散设置的地埋式小型污水净化装置所代替。

区内生活污水处理设施的位置应在常年主导风向的下风向，宜用绿化带与建设物隔开；宜设置在绿地、停车坪及室外地坪下。

### 2.2.5　居住区中水工程

居住区中水系统的水源取自居住区内各建筑物排放的污废水。由于新建居住小区的排水体制多为分流制，因此，以优质杂排水管网为生活饮用水和再用水双管配水系统。根据居住区居民城镇排水设施的完善程度，确定室内排水系统，但应使居住区给水系统与建筑内部给排水系统相配套。

中水系统由中水水源系统、中水处理设施和中水供水系统三部分组成。

居住区的优质排水或杂排水水量经处理后，可以满足自身杂用水水量需求，中水处理流程简单，处理设施少，占地面积小，降低造价的同时，减少污泥处理困难及产生臭气对建筑环境的影响。

中水供水系统应单独设立，包括配水管网、中水贮水池、中水高位水箱、中水泵站或中水气压给水设备。

中水供水系统的管网系统类型、供水方式、系统组成、管道敷设及水力计算与给水系统基本相同，只是在供水范围、水质、使用等方面有些限定和特殊要求。

### 2.2.6 居住区雨水综合利用

随着海绵城市建设进程的不断推进，雨水综合利用逐渐受到关注，应根据当地水资源情况和经济发展水平合理确定。

雨水利用设施的设计、运行和管理应与雨水渗透设施、内涝防治设施等相结合，但是不应影响雨水调蓄设施应对居住区内涝的功能。

雨水经收集、储存、就地处理后可用作冲洗、灌溉、绿化和景观用水等，也可经自然或人工渗透设施渗入地下，补充地下水资源。雨水收集中，宜选择污染较轻的屋面、广场、人行道等作为汇水面；收集屋面雨水时，宜优先选择绿化屋面或环保材料屋面的雨水；应将初期雨水弃流；当不同汇水面雨水径流水质差异较大时，可分别收集和储存。

## 2.3 电力工程规划

居住区电力工程规划的主要内容包括：预测居住区电力负荷；确定供电电源；布局供配电系统及容量、数量。

### 2.3.1 电压等级

我国城市电力线路电压等级可分为 500kV、330kV、220kV、110kV、66kV、35kV、10kV 和 380/220V 等 8 类。居住区规划主要涉及高压配电电压 10kV、低压配电电压 380/220V。

电压标准的选择应根据当地电力系统的电压等级、负荷容量大小、用电点距、电源距离等因素进行综合的经济技术分析比较后确定。电压等级、输送容量和输送距离之间的关系见表 7-8。

线路额定电压与电力输送距离的关系　　　　　　　　　　　　　表7-8

| 额定电压（kV） | 线路结构 | 输送功率（kV） | 输送距离（km） |
| --- | --- | --- | --- |
| 0.22 | 架空 | <50 | <0.15 |
| 0.22 | 电缆 | <100 | <0.20 |
| 0.38 | 架空 | <100 | <0.25 |
| 0.38 | 电缆 | <175 | <0.35 |
| 10 | 架空 | <3000 | <10~5 |
| 10 | 电缆 | <5000 | <15~8 |
| 35 | 架空 | 2000~10000 | 10 |

居住区供电方式一般根据城市电网情况而定，通常采用高压配电深入负荷中心的方式。居住区进线电压多采用10kV，低压配电采用放射式供电，高压配电采用环网形式。

### 2.3.2 电力负荷预测

居住区用电负荷主要包括住宅用电负荷、共建设施用电负荷、配套商业用房用电负荷、电动汽车充电装置用电负荷。

居住区电力负荷预测应综合考虑居住区所在地的气候环境、用能特点、住宅建筑面积的因素，一般采用分类综合用电指标法和单位建筑面积用电负荷指标法。

分类综合用电指标法适用于电力负荷的初步估算，根据居住用地的分类选取相应的指标，见表7-9。

居住用地综合用电指标　　　　　　　　　　　　　表7-9

| 居住用地分类 | 综合用电指标（W/m$^2$） |
|---|---|
| 一类居住用地 | 30~60 |
| 二类居住用地 | 15~30 |
| 三类居住用地 | 10~15 |

居住区中每套住宅的用电负荷不宜低于表7-10的规定。当单套住宅建筑面积大于140m$^2$时，超出部分面积可按30~40W/m$^2$进行计算。居住区内的公建设施和配套商业用房应按实际设备容量计算用电负荷。当用电设备容量不明时，可按90~150W/m$^2$计算。居住区内的电动汽车快充装置应按实际设备容量计算用电负荷。除快充专用区域外，居住区内的其他车位宜按慢充方式计算用电负荷，每个充电设施充电功率按8kW计算。

单套住宅用电负荷选择　　　　　　　　　　　　　表7-10

| 套型 | 建筑面积S（m$^2$） | 用电负荷（kW） |
|---|---|---|
| A | S≤60 | 6 |
| B | 60<S≤90 | 8 |
| C | 90<S≤140 | 10 |

预测所得的规划用电负荷，在向供电电源侧计算时，应逐级乘以负荷同时率。负荷同时率应根据各地区电网用电负荷特性确定，建议取值在0.85~1.0之间。

### 2.3.3 供电电源规划

居住区应根据建设规模和规划需要设立开闭所、变电所，并符合现行国家标准《20kV及以下变电所设计规范》GB 50053—2013的要求。

居住区变电所大多属于10kV变电所，也称公用配电所。根据本身结构及相应位置不同，可分独立户内式、混合户内式和地下式。公用配电所应靠近用电负荷中心并便于电力线路进出，配电所的配电变压器安装台数宜为两台。规划时可根据实际用电条件和预测负荷密度对配电所进行布局，可参考表 7-11。

每 0.6~1.0 万户设置 1 处开闭所，用地面积不应小于 500m²。10kV 开闭所宜与 10kV 变电所联体建设，且考虑与公共建筑物混合建设。

### 2.3.4 电网规划

供配电系统通常采用电缆线路、户内开闭所和配电所方式供电；或采用环网柜、电缆分支箱和（组合）箱式变压器方式供电。

居住区的中、低压配电线路宜采用地下电缆或架空绝缘线，且中、低压架空电力线路应同杆架设。为了维修和减少停电，直线杆横担数不宜超过 4 层（包括路灯线路）。同一级负荷供电的双电源线路不宜同杆架设。

**居住区变（配）电所布局规划部**                                    表7-11

| 规模 | 建筑面积<br>（m²） | 负荷密度<br>（W/m²） | 总负荷<br>（kW） | 一次电压<br>（kV） | 电源点建设<br>（个） | 接线要求 |
|------|------|------|------|------|------|------|
| 小型 | 30000 | 15~17 | 450~600 | 10 | 1 | 电压线路延伸或T接供电式、双电源 |
| 中型 | 30000~<br>100000 | 15~18 | 1500~2000 | 10 | 2 | 两路电源延伸或T接供电 |
| 大型 | 100000~<br>500000 | 15~19 | 7500~10000 | 35（10） | 10kV开闭所多座或35kV变电所一座 | 双电源进线 |
| 特大型 | >500000 | 15~20 | >10000 | 35、110 | 1 | 双路电源格网式供电 |

居住区中电缆线路室外敷设常用直埋敷设、电缆沟敷设两种。当沿用同一路径的电缆根数不大于 8 时，可采用直埋敷设，同一路径的电缆根数多于 8 且不大于 18 时，宜采用电缆沟敷设。

## 2.4  通信工程规划

居住区通信工程规划的主要内容包括：预测电信业务量、布局电信管线网络及其设施。

### 2.4.1  电信容量预测

城市电信用户预测主要包括固定电话用户、移动电话用户和宽带用户预测等内容。居住区规划中，电信用户预测应根据不同用户业务特点采用单位建筑面积测算法进行估算，其测算指标可参照表 7-12 取值。

| 大类 | 种类用地 | 主要建筑的单位建筑面积用户综合指标（线/百m²） |
|---|---|---|
| R | 一类居住（R1） | 0.75~1.25 |
|  | 二类居住（R2） | 0.85~1.50 |
|  | 三类居住（R3） | 1.25~1.70 |
| A | 行政办公用地（A1） | 2.00~4.00 |
|  | 文化设施用地（A2） | 0.40~0.85 |
|  | 教育科研用地（A3） | 1.35~2.00 |
|  | 体育用地（A4） | 0.30~0.40 |
|  | 医疗卫生用地（A5） | 0.60~1.10 |
|  | 社会福利（A6） | 0.85~2.50 |
|  | 文物古迹（A7） | 0.30~0.85 |
|  | 外事用地（A8） | 2.00~4.00 |
|  | 宗教设施用地（A9） | 0.40~0.60 |
| B | 商业用地（B1） | 0.65~3.30 |
|  | 商务用地（B2） | 1.40~4.00 |
|  | 娱乐康体用地（B3） | 0.75~1.25 |
|  | 公用设施营业网点用地（B4） | 0.85~2.00 |
|  | 其他服务设施用地（B9） | 0.60~1.35 |
| M | 一、二、三类工业（M1/2/3） | 0.40~1.25 |
| W | 一、二、三类物流仓储（W1/2/3） | 0.15~0.50 |
| S | 交通枢纽、场站用地（S1/2/3） | 0.40~1.50 |
| U | 供应设施用地（U1） | 0.50~1.70 |
|  | 环境设施用地（U2） | 0.50~0.65 |
|  | 安全设施用地（U3） | 1.00~1.25 |
|  | 其他公用设施用地（U9） | 0.40~0.85 |

注：表中所列指标主要针对不同分类用地有代表性建筑的测算指标，应用中允许结合不同分类用地的实际不同建筑组成适当调整。

## 2.4.2　电信设施布置

建设居住区时，应按照现行《住宅区和住宅建筑内通信设施工程设计规范》GB/T 50605—2010 的要求在楼外预埋地下通信管道；在楼内敷设管槽及通信光缆与电缆；并在适当的部位预留设备间、电信间，用于安装配线等通信设备。

设备间宜设置在物业管理中心机房；电信间宜设置在住宅建筑的单元（门）处，地下层或底层适当部位。设备间与电信间预留的使用房屋面积应针对不同规模居住区所形成的交接区（一般一个交接区容纳 1000 户），以及收容住户数和安装设备的箱、柜数量进行测算，也可按表 7-13 选用。

电信间、设备间预留房屋的使用面积　　　　表7-13

| 类型 | 分类 | | 场地 | | | | 备注 |
|------|------|------|------|------|------|------|------|
| | | | 电信间 | | 设备间 | | |
| | | | 面积 (m²) | 尺寸 (m) | 面积 (m²) | 尺寸 (m) | |
| 住宅建筑 | 多层住宅（单元） | | 5 | 2.2×2.3 | — | | 多个机箱叠放设置 |
| | 多层住宅（楼） | | 9 | 3×3 | — | | 机柜按列设置 |
| | 高层住宅 | 单栋 | 9 | 3×3 | — | | 机柜按列设置 |
| | | 每15层 | 9 | 3×3 | — | | |
| | 别墅 | | 5 | 2.2×2.3 | — | | 多个机箱叠放设置 |
| 住宅区 | 组团 | 300户 | — | | 9 | 3×3 | 为1个交接区所需面积 |
| | | 700户 | — | | 15 | 3×5 | 为1个交接区所需面积 |
| | 小区 | 2000户 | — | | 15 | 3×5 | 为2个交接区所需面积 |
| | | 4000户 | — | | 30 | 6×5 | 为4个交接区所需面积 |

注：现行《住宅区和住宅建筑内通信设施工程设计规范》GB/T 50605—2010使用小区—组团的形式按规模对居住区分等级，该表格使用时需按具体规模对应新执行的《城市居住区规划设计标准》GB 50180—2018对居住区规模等级的划分。

### 2.4.3 电信线路规划

居住区电信线路主要为城市配线管道，主要敷设接入点到用户的电缆、光缆，也包括广播电视用户线路。光缆和电缆是电信线路的两种传输媒质形式。在高速化发展趋势和光进铜退技术实施的背景下，电信线路应逐步建设为以光缆形式为主，应对电缆线网建设的必要性进行充分的论证分析，严格控制铜缆的覆盖范围。

光缆线路应以管道敷设方式为主，对不具备管道敷设条件的地段，可采用塑料管保护、槽道或其他适宜的敷设方式。

电缆线路网应优先选择管道敷设方式，一个管孔中宜穿放一条电缆。当仅需一条容量在400对以下的电缆且不具备建筑管道条件时，可采用直埋式敷设，也可根据实际情况采用暗渠或加管保护的敷设方式。电缆线路架空敷设适用于无隐蔽要求、容量在400对及以下、居住区建设标准不高的时候采用。

### 2.4.4 综合布线系统

随着信息技术的迅猛发展，人们对智能建筑的需求已由智能大厦延伸到智能小区，通过互联网在家办公、在家炒股、VOD视频点播、住宅自控等已得到实现。智能小区综合布线系统是实现小区智能化的"高速公路"。智能小区综合布线系统已成为小区通信网用户接入的重要组成部分。

综合布线系统采用高质量的标准材料，以模块化的组合方式，把语音、数据、图像及监控系统用统一的传输媒介进行综合，经过统一的规划设计，综合在一套标准的布线系统中，为现代建筑的系统集成提供了物理介质。设计应符合现行《综合布线系统工程设计规范》GB 50311—2016 中的规定。

## 2.5 燃气工程规划

居住区燃气工程规划的主要内容包括：燃气用气量预测与燃气管网系统布局。

### 2.5.1 燃气种类及负荷预测

燃气种类很多，且热值差异很大，主要包括天然气（主要是气田气或称纯天然气）、液化石油气和人工煤气。

通常将居住区燃气负荷分为居民生活用气量、公建用气量和未预见用气及其他用气量三类。居民生活用气量应根据各地经济水平、生活习惯、气候等具体条件，参照类似城市用气定额确定。未预见用气及其他用气量按生活用气量的 3%～5% 计算。城镇居民生活用气量指标参考表 7-14，公共建筑用气量指标参考表 7-15。

城镇居民生活用气量指标[MJ／（人·a）] 表7-14

| 城镇地区 | 有集中供暖的用户 | 无集中供暖的用户 |
|---|---|---|
| 东北地区 | 2303～2721 | 1884～2303 |
| 华东、中南地区 | — | 2093～2303 |

注：1.本表系指一户装有一个煤气表的居民用户及在住宅内煮饭和热水的用气量，不适用于瓶装液化石油气居民用户。
　　2."采暖"系指非燃气采暖。由于无集中采暖设备，用户在采暖期间采用煤炉兼烧水、做饭，减少了燃气用量。
　　3.燃气热值按低热值计算。

公共建筑用气量指标 表7-15

| 类别 | | 单位 | 用气量指标 |
|---|---|---|---|
| 职工食堂 | | MJ／（人·a） | 1884～2303 |
| 饮食业 | | MJ／（座·a） | 7955～9211 |
| 托儿所 | 全托 | MJ／（人·a） | 1884～2512 |
| 幼儿园 | 半托 | MJ／（人·a） | 1256～1675 |
| 医院 | | MJ／（床位·a） | 2931～4187 |
| 旅馆 | 有餐厅 | MJ／（床位·a） | 3350～5024 |
| 招待所 | 无餐厅 | MJ／（床位·a） | 670～1047 |
| 高级宾馆 | | MJ／（床位·a） | 8374～10467 |
| 理发店 | | MJ／（人·a） | 3.35～4.19 |

以上计算用气量之和为年用气量，不能直接用来确定燃气管网、设备通过能力规模。为满足用户小时最大用气量需求，还需要根据燃气的需用工况确定计算用量。燃气管道的计算流量应按计算月（月不均匀系数最大的月）的小时最大用气量计算。可采用年用气量除以年燃气最大负荷利用小时数进行计算。

### 2.5.2　燃气设施布局

居住区燃气设施主要包括液化石油气气化站和混气站、燃气调压站和液化石油气瓶装供应站等。

液化石油气气化站和混气站可以作为居住区的供气气源，向居住区提供中压或低压燃气。其选址宜靠近负荷区，位于地势平坦、开阔、不易积存液化石油气的地段，且应与站外建、构筑物保持安全防火距离。防火间距要求见表7-16。

气化站和混气站的液化石油气储罐与站外建构筑物的防火间距（m）　表7-16

| 项目 | | 总容量（m³） | | |
|---|---|---|---|---|
| | | ≤10 | >10~≤30 | >30~≤50 |
| 住宅建筑、学习、影剧院、体育馆等重要公共建筑、一类高层民用建筑 | | 30 | 35 | 45 |
| 其他建筑 | 耐火等级 一、二级 | 12 | 15 | 18 |
| | 三级 | 18 | 20 | 22 |
| | 四级 | 22 | 25 | 27 |
| 道路（路边） | 城市快速路 | 20 | | |
| | 其他 | 15 | | |
| 架空电力线（中心线） | | 1.5倍杆高 | | |
| 架空通信线（中心线） | | 1.5倍杆高 | | |

### 2.5.3　燃气管网规划

居住区的燃气管网一般为低压以及管网系统、中压一级管网系统或中低压二级管网系统。

在采用低压一级系统的时候，居住区的燃气中低压调压站入口管道和城市中压燃气管网连接，出口管道和居住区低压燃气管网连接，其压力则根据居住区燃气管网最大允许压差选择。主干管应尽量成环状，通向建筑物的支线管道可以敷设成枝状管网。为了提高城市燃气管网的安全性，居住区之间的燃气管网也可相互连接，增强管网供气的互补性。但是需合理地解决并网互补性和居住区管网相对独立性的矛盾。居住区管网间的连接点不宜过多，连接点处还要设置截断阀门，以利于区域抢修时分区隔断的需求。

使用天然气的城市，燃气管网系统除采用居住区低压输气方式外，还可以采用中压管道直接进入住宅区域的方式。然后通过一个共用的落地式或挂壁式安装的楼栋箱式调压器，将中压燃气调至低压，经引入管进入建筑室内燃气管道系统，服务几栋多层或一栋高层住宅楼。

中压燃气管内燃气压力大、供气条件相对更好、管材消耗也有所降低，但相比低压燃气管道需要更大的敷设间距，因此鼓励具备建设条件的新开发居住区优先采用中压一级管网系统。

居住区燃气管网根据流量计算要求需独立设置调压站的，站址应在居住区的总平面规划中予以考虑。调压站服务半径一般在500~1000m。其安全距离规定如表7-17、表7-18所示。

调压站与建筑物的距离（m）　　　　　表7-17

| 调压站建筑形式 | 最小距离 | |
| --- | --- | --- |
| | 一般建筑 | 重要公共建筑 |
| 地上独立建筑 | 6 | 25 |
| 地下独立建筑 | 5 | 25 |
| 毗连建筑 | 允许 | 不允许 |

调压站与高层民用建筑物的距离（m）　　　　　表7-18

| 调压站进口压力（MPa） | 一类建筑 | | 二类建筑 | |
| --- | --- | --- | --- | --- |
| | 主体建筑 | 相连的附属建筑 | 主体建筑 | 相连的附属建筑 |
| 0.005~0.15 | 20 | 15 | 15 | 13 |

在使用液化石油气的居住区常常需要设置气化站，一般供应半径1~2km，供应户数10000~20000户，更小规模的居住区也适合。气化站方式比较适合新建和相对集中的居住区。

## 2.6　供热工程规划

居住区供热工程规划的主要内容包括：供热负荷计算与供热设施规划布局。

### 2.6.1　供热负荷类型和预测

城市热负荷宜分为建筑采暖（制冷）热负荷、生活热水热负荷和工业热负荷三类。居住区民用热负荷通常以热水为热媒，属于季节性热负荷。

居住区规划中，可根据规划建筑面积、用途等基本概况，选取适宜当地生活习惯和生活水平的采暖面积热指标进行概算。建筑采暖热指标、生活热水热指标与空调热负荷指标分别参照表7-19、表7-20和表7-21取值。

#### 建筑采暖热指标推荐值（W/m²）　　　　表7-19

| 建筑物类型 | 低层住宅 | 多高层住宅 | 办公 | 医院托幼 | 旅馆 | 商场 | 学校 | 影剧院展览馆 | 大礼堂体育馆 |
|---|---|---|---|---|---|---|---|---|---|
| 未采取节能措施 | 63~75 | 58~64 | 60~80 | 65~80 | 60~70 | 65~80 | 60~80 | 95~115 | 115~165 |
| 采取节能措施 | 40~55 | 35~45 | 40~70 | 55~70 | 50~60 | 55~70 | 50~70 | 80~105 | 100~150 |

注：1. 表中数值适用于我国东北、华北、西北地区。
　　2. 热指标中已包括5%管网热损失。

#### 生活热水热指标推荐值　　　　表7-20

| 用水设备情况 | 热指标 |
|---|---|
| 住宅无生活热水，只对公共建筑供热水 | 2~3 |
| 住宅及公共建筑均供热水 | 5~15 |

注：1. 冷水温度较高时采用较小值，冷水温度较低时采用较大值。
　　2. 热指标已包括约10%的管网热损失。

#### 空调热负荷指标推荐值（W/m²）　　　　表7-21

| 建筑物类型 | 热指标qa | 冷指标qc |
|---|---|---|
| 办公 | 80~100 | 80~110 |
| 医院 | 90~120 | 70~100 |
| 旅馆、宾馆 | 90~120 | 80~110 |
| 商店、展览馆 | 100~120 | 125~180 |
| 影剧院 | 115~140 | 150~200 |
| 体育馆 | 130~190 | 140~200 |

注：1. 表中数值适用于我国东北、华北、西北地区。
　　2. 寒冷地区热指标取较小值，冷指标取较大值；严寒地区热指标取较大值，冷指标取较小值。
　　3. 体型系数大，使用过程中换气次数多的建筑取上限。

### 2.6.2　供热设施布局

　　居住区一般采用集中供热方式，即利用集中锅炉房或热电厂等大型集中热源通过供热管网，利用热水或蒸汽向居住区提供采暖。居住区主要供热设施包括锅炉房、热力站和冷暖站。

　　热力站是居住区中常常遇到的供热设施，是供热管网和用户的连接场所。其中以连接二级管网的小区热力站为主。为提高居住环境质量，减少热力站运行噪音对周边居民的干扰，居住区热力站应在供热范围中心区域独立设置。不同规格的热力站的参考建筑面积见表7-22。一般一个小区设置一个热力站。对于新建居住区，热力站最大规模以供热范围不超过本街区为限。

热力站建筑面积参考表 表7-22

| 规模类型 | I | II | III | IV | V | VI |
|---|---|---|---|---|---|---|
| 供热建筑面积（万m²） | <2 | 3 | 5 | 8 | 12 | 16 |
| 热力站建筑面积（m²） | <200 | <280 | <330 | <380 | <400 | ≤400 |

根据热网输送的热媒不同，锅炉房分为热水锅炉房和蒸汽锅炉房。锅炉房应靠近热负荷中心布置，其布局应便于燃料储运和灰渣排除，以及人流与煤、灰、车流的分离，同时减少烟尘和有害气体对居住区的影响。全年运行的锅炉房宜布置在居住区全年最小频率方向的上风侧，季节性运行的锅炉房宜布置在该季节盛行风向的下风侧。

制冷站的主要功能是通过制冷设施将冷介质供应给用户，从而达到制冷的目的。

### 2.6.3 供热管网布置

居住区热力网宜采用闭式双管制。在布置上应力求技术经济合理，主干管应靠近大型用户和热负荷集中地区，主干管线宜短、直，尽可能减少钢材消耗、节省投资。管道应敷设在车行道以外的地方。考虑到景观、社区交通组织等因素，敷设方式采用地下敷设，包括地沟敷设（通行地沟、半通行地沟和不通行地沟）和直埋敷设。地沟敷设的埋设深度应根据当地的水文气候条件确定，一般在冻土层以下和最高地下水位线以上，且管沟盖板或检查室盖板覆土深度不应小于0.2m。直埋敷设管道的最小覆土深度应考虑土壤和地面活载荷对管道强度的影响，应符合现行《城镇供热直埋热水管道技术规程》CJJ/T 81—2013和《城镇供热直埋蒸汽管道技术规程》CJJ/T 104—2014的规定。

热水供热管道地下敷设时，宜采用直埋敷设。热水或蒸汽管道采用管沟敷设时，宜采用不通行管沟敷设；穿越不允许开挖检修的地段时，应采用通行管沟敷设；当采用通行管沟困难时，可采用半通行管沟敷设。地沟直埋敷设具有占地少、施工周期短、使用寿命长等诸多优点，是供热管道敷设方式的发展趋势。

### 2.6.4 供热管网管径计算

供热管道管径与沿程压力损失、管道粗糙度、热媒流量和密度等因素相关。居住区管网往往采用热水管网，管径估算可参照表7-23。

热水管网管径估算表 表7-23

| 热负荷 (MW) | 供回水温差（℃） | | | | | | | | | |
|---|---|---|---|---|---|---|---|---|---|---|
| | 20 | | 30 | | 40 (110~70) | | 60 (130~70) | | 80 (150~70) | |
| | 流量 (t/h) | 管径 (mm) | 流量 (t/h) | 管径 (mm) | 流量 (t/h) | 管径 (mm) | 流量 (t/h) | 管径 (mm) | 流量 (t/h) | 管径 (mm) |
| 6.98 | 300 | 300 | 200 | 250 | 150 | 250 | 100 | 200 | 75 | 200 |
| 13.96 | 600 | 400 | 400 | 350 | 300 | 300 | 200 | 250 | 150 | 250 |

| 热负荷 | 供回水温差（℃） | | | | | | | | | |
|---|---|---|---|---|---|---|---|---|---|---|
| | 20 | | 30 | | 40 (110~70) | | 60 (130~70) | | 80 (150~70) | |
| (MW) | 流量<br>(t/h) | 管径<br>(mm) | 流量<br>(t/h) | 管径<br>(mm) | 流量<br>(t/h) | 管径<br>(mm) | 流量<br>(t/h) | 管径<br>(mm) | 流量<br>(t/h) | 管径<br>(mm) |
| 20.93 | 900 | 450 | 600 | 400 | 450 | 350 | 300 | 300 | 225 | 300 |
| 27.91 | 1200 | 600 | 800 | 450 | 600 | 400 | 400 | 350 | 300 | 300 |
| 34.89 | 1500 | 600 | 1000 | 500 | 750 | 450 | 500 | 400 | 375 | 350 |
| 41.87 | 1800 | 600 | 1200 | 600 | 900 | 450 | 600 | 400 | 450 | 350 |
| 48.85 | 2100 | 700 | 1400 | 600 | 1050 | 500 | 700 | 450 | 525 | 400 |
| 55.02 | 2400 | 700 | 1600 | 600 | 1200 | 600 | 800 | 450 | 600 | 400 |
| 62.80 | 2700 | 700 | 1000 | 600 | 1350 | 600 | 900 | 450 | 675 | 450 |
| 69.78 | 3000 | 800 | 2000 | 700 | 1500 | 600 | 1000 | 500 | 750 | 450 |
| 104.67 | 4500 | 900 | 3000 | 800 | 2250 | 700 | 1500 | 600 | 1125 | 500 |
| 139.56 | 6000 | 1000 | 4000 | 900 | 3000 | 800 | 2000 | 700 | 1500 | 600 |
| 174.45 | 7500 | 2×800 | 5000 | 900 | 3750 | 800 | 2500 | 700 | 1875 | 600 |
| 209.34 | 9000 | 2×900 | 6000 | 1000 | 4500 | 900 | 3000 | 800 | 2250 | 700 |
| 244.23 | 10560 | 2×900 | 7000 | 1000 | 5250 | 900 | 3500 | 800 | 2625 | 700 |
| 279.12 | | | | | 6000 | 1000 | 4000 | 900 | 3000 | 800 |
| 314.01 | | | | | 6750 | 1000 | 4500 | 900 | 3375 | 800 |
| 348.90 | | | | | | | 5000 | 900 | 3750 | 800 |
| 418.68 | | | | | | | 6000 | 1000 | 4500 | 900 |
| 488.46 | | | | | | | 7000 | 1000 | 5250 | 900 |
| 558.24 | | | | | | | | | 6000 | 1000 |
| 628.02 | | | | | | | | | 6750 | 1000 |

## 2.7  防灾工程规划

居住区防灾工程规划主要包括三个方面：消防规划、抗震规划和人防规划。涉及的内容主要包括以下两个方面：

（1）规划布局结构要有利于防、抗各种灾害，如对抗震减灾与城市布局的综合等；

（2）规划编制中要有各种防灾、抗灾的内容，主要指消防、人防规划等。

### 2.7.1  居住区消防规划

居住区消防规划应结合上位规划，按照消防要求，合理布置建筑及相关工程设施，保障消防安全。

（1）居住区建筑防火间距要求

居住区总体布局应根据城市规划的要求进行合理布局，各种不同功能的建筑物群之间要有明确的功能分区。根据居住区建筑物的性质和特点，各类建筑物之间应有必要的防火间距，具体应按现行国家标准《建筑设计防火规范》GB 50016—2014 中的有关规定（表 7-24）执行。

民用建筑之间的防火间距（m）　　　　　　　　表7-24

| 建筑类别 | | 高层民用建筑 | 裙房和其他民用建筑 | | |
| --- | --- | --- | --- | --- | --- |
| | | 一、二级 | 一、二级 | 三级 | 四级 |
| 高层民用建筑 | 一、二级 | 13 | 9 | 11 | 14 |
| 裙房和其他民用建筑 | 一、二级 | 9 | 6 | 7 | 9 |
| | 三级 | 11 | 7 | 8 | 10 |
| | 四级 | 14 | 9 | 10 | 12 |

注：1. 相邻两座单、多层建筑，当相邻外墙为不燃性墙体且无外露的可燃性屋檐，每面外墙上无防火保护的门、窗、洞口不正对开设，且该门、窗、洞口的面积之和不大于外墙面积的5%时，其防火间距可按本表的规定减少25%。

2. 两座建筑相邻较高一面外墙为防火墙，或高出相邻较低一座一、二级耐火等级建筑的屋面15m及以上范围内的外墙为防火墙时，其防火间距不限。

3. 相邻两座高度相同的一、二级耐火等级建筑中相邻任一侧外墙为防火墙，屋顶的耐火极限不低于1h时，其防火间距不限。

4. 相邻两座建筑中较低一座建筑的耐火等级不低于二级，相邻较低一面外墙为防火墙且屋顶无天窗，屋顶的耐火极限不低于1h时，其防火间距不应小于3.5m；对于高层建筑，不应小于4m。

5. 相邻两座建筑中较低一座建筑的耐火等级不低于二级且屋顶无天窗，相邻较高一面外墙高出较低一座建筑的屋面15m及以下范围内的开口部位设置甲级防火门、窗，或设置符合现行国家标准《自动喷水灭火系统设计规范》GB 50084—2017规定的防火分隔水幕或防火卷帘时，其防火间距不应小于3.5m；对于高层建筑，不应小于4m。

6. 相邻建筑通过连廊、天桥或底部的建筑物等连接时，其间距不应小于本表的规定。

7. 耐火等级低于四级的既有建筑，其耐火等级可按四级确定。

在城市居住区内，为了居民生活方便，还设置了一些生活服务设施，如煤气调压站、液化石油气瓶库等，有的居住区还配建了一些具有火灾危险性的生产性建筑，这些建筑物与民用建筑的防火间距应按相关规范规定执行。

（2）居住区消防车道设计要求

居住区内消防道路系统应按现行国家标准《建筑设计防火规范》GB 50016—2014 的规定进行合理设计。

具体要求包括：居住区内的道路应考虑消防车的通行，道路中心线间的距离不宜大于160m。当建筑物沿街道部分的长度大于150m或总长度大于220m 时，应设置穿过建筑物的消防车道；如确有困难，则应设置环形消防车道。高层民用建筑和多层公共建筑应设置环形消防车道，如确有困难，可沿建筑的两个长边设置消防车道；对于高层住宅建筑和山坡地或河道边临空建造的高层民用建筑，可沿建筑的一个长边设置消防车道，但该长边所在建筑立面应为消防车登高操作面。消防车道的净宽和净空高度不应小于 4m；转弯半径应符合要求；车道与建筑之间不应设置妨碍消防车操作的树木、架空管线等障碍物；

其道路边缘距建筑物外墙不宜小于 5m；车道坡度不宜大于 8%。环形消防车道至少由两处与其他车道连通。尽头式消防车道应设置回车道或回车场，回车场面积不应小于 12m×12m；对于高层建筑，不宜小于 15m×15m；供重型消防车使用时，不宜小于 18m×18m。

## 2.7.2 居住区抗震规划

居住区抗震规划应以城市抗震防灾规划为依据，合理布局避难疏散场所，优化道路系统，设置疏散通道，确定规划布局、工程设施和建筑设计的抗震原则。

## 2.7.3 居住区人防规划

居住区人防工程规划应结合服务半径、服务人口数量、功能配套、用地条件、空间环境、平时防灾等因素，依据现行国家标准《城市居住区人民防空工程规划规范》GB 50808—2013 的规定，合理确定人员掩蔽工程、医疗救护工程、防空专业队工程及配套工程的规模和布局。其配建要求应符合表 7-25 的规定。此外，在国家确定的一、二类人防重点城市中，凡高层建筑下设满堂人防，另以地面建筑面积的 2% 进行配建。出入口宜设于交通方便的地段，考虑平战结合。

**城市居住区人防工程配建要求**　　　　表7-25

| 城市类别 | 城市居住区规模 | 医疗救护工程 | | 防空专业队工程 | | | | 人员掩蔽工程 | 配套工程 | | | | |
| --- | --- | --- | --- | --- | --- | --- | --- | --- | --- | --- | --- | --- | --- |
| | | 急救医院 | 救护站 | 抢险抢修专业队工程 | 医疗救护专业队工程 | 治安专业队工程 | 消防专业队工程 | 人员掩蔽工程 | 人防物资库 | 食品站 | 区域电话站 | 区域供水站 | 警报站 |
| 人防Ⅰ类城市 | 居住区 | △ | ● | ● | — | ● | ◎ | ● | ● | ● | ● | ◎ | ◎ |
| | 居住小区 | — | ● | ● | — | ◎ | — | ● | ● | ● | ◎ | ◎ | ◎ |
| | 居住组团 | — | — | — | — | — | — | ● | ● | — | ◎ | — | ◎ |
| 人防Ⅱ类城市 | 居住区 | △ | ● | ● | ◎ | ● | — | ● | ● | ● | ● | ◎ | ◎ |
| | 居住小区 | — | ● | ● | — | — | — | ● | ● | ◎ | ◎ | ◎ | ◎ |
| | 居住组团 | — | — | — | — | — | — | ● | ● | — | — | — | ◎ |
| 人防Ⅲ类城市 | 居住区 | △ | ● | ● | — | — | — | ● | ● | ● | ● | ◎ | ◎ |
| | 居住小区 | — | — | ● | — | — | — | ● | ● | ● | ◎ | — | ◎ |
| | 居住组团 | — | — | — | — | — | — | ● | — | — | — | — | ◎ |
| 人防Ⅳ类城市 | 居住区 | △ | ● | ● | — | — | — | ● | ● | — | ◎ | — | ◎ |
| | 居住小区 | — | — | — | — | — | — | ● | — | — | — | — | ◎ |
| | 居住组团 | — | — | — | — | — | — | ● | — | — | — | — | ◎ |

注：1. ●代表应配置；◎代表宜配置；△代表当医疗救护工程服务半径内人口规模超过10万人时，应至少配建1个急救医院。

2. 现行《城市居住区人民防空工程规划规范》GB 50808—2013使用居住区-居住小区-组团的形式按规模对居住区分等级，该表格使用时需按具体规模对应新执行的《城市居住区规划设计标准》GB 50180—2018对居住区规模等级的划分。

## 2.8 环卫工程规划

居住区环卫工程规划的主要内容包括：生活垃圾量的计算和环卫设施的布局。

### 2.8.1 垃圾产量预测

居住区环卫的主要工作是生活垃圾的收运。居住区环卫规划中，人均生活垃圾总量应按当地实际资料选取人均日产量进行计算，若无资料时，可按 0.8~1.8kg/（人·天）计。

### 2.8.2 环卫设施布局

居住区环卫设施包括公共厕所、垃圾收集点（如垃圾箱、垃圾站）和垃圾收集站。

封闭的或超过 5000 人的居住小区应设置封闭式垃圾收集站，且建筑面积不宜小于 80m²，与周围建筑物的间隔不应小于 5m。采用人力收集的，其服务半径不宜大于 0.4km，最大不得超过 1km；采用小型机动车收集的，其服务半径不宜超过 2km。

生活垃圾收集点服务半径不宜超过 70m，宜采用分类收集。

公共厕所每 1000~1500 户设一处，且宜设于人流集中处。间距 500~800m，建筑面积 30~60m²/座，占地面积 60~100m²/座。

## 2.9 居住区工程规划中的管线综合

居住区工程管线综合是指对居住区范围内工程管线在地上、地下空间位置上统一安排，确定其合理的水平净距以及相互交叉时的垂直净距。

居住区工程管线综合规划的成果一般是编制工程管线规划综合平面图、道路横断面图和说明书。工程管线规划综合文件是各单项工程管线设计的依据，也是下一阶段工程管线设计综合的依据。

### 2.9.1 管线综合布置原则

居住区管线众多，敷设和输送方式各不相同（表 7-26），综合布置时不但要符合各自特征，还应严格执行现行国家标准《城市工程管线综合规划规范》GB 50289—2016 的要求。

居住区常见管线敷设和输送方式 表 7-26

| 管线名称 | 敷设位置 | | | 输送方式 | |
| --- | --- | --- | --- | --- | --- |
| | 地下 | | 架空 | 压力 | 重力 |
| | 深埋 | 浅埋 | | | |
| 给水管（生活、生产、消防） | ● | ● | | ● | |

| 管线名称 | 敷设位置 | | | 输送方式 | |
|---|---|---|---|---|---|
| | 地下 | | 架空 | 压力 | 重力 |
| | 深埋 | 浅埋 | | | |
| 排水管（生活污水、生产污水、雨水） | ● | | | | ● |
| 电力线（输电、照明） | | ● | ● | | |
| 电信线（电话、电报、电视） | | ● | ● | | |
| 煤气管 | ● | | | ● | |
| 热力管（蒸汽、热水） | | ● | | ● | |

注：深埋是指管道覆土深度大于1.5m。我国北方土壤冰冻线深，给水、排水和湿煤气管应深埋，在南方则不一定深埋。

主要原则如下：

（1）采用统一的城市坐标和标高系统。

（2）各种管线的埋设顺序应符合以下规定：

离建筑物的水平排序，由近及远宜为：电力管线或电信管线、燃气管、热力管、给水管、雨水管、污水管；

各类管线的垂直排序，由浅入深宜为：电信管线、热力管、小于10kV电力电缆、大于10kV电力电缆、燃气管、给水管、雨水管、污水管。

（3）电力电缆与电信电缆宜远离，并按照电力电缆在道路东侧或南侧、电信电缆在道路西侧或北侧的原则布置。为便于管线综合和管理工作，可以统一规定各类管线在道路上的方位。

（4）所有管线宜采用地下敷设方式。其走向宜沿道路或与主体建筑平行布置，并力求短捷、少转弯、少交叉和适当集中。

（5）管线之间遇到矛盾时，应按下列原则处理：临时管线避让永久管线；小管线避让大管线；压力管线避让重力自流管线；易弯曲管线避让不易弯曲管线；工程量小的避让工程量大的；新建管线避让现状管线；检修次数少而方便的避让检修次数多而不方便的。

（6）地下管线最小覆土深度应符合表7-27的规定，当条件受限无法满足要求时，可采取安全措施减少其最小覆土深度；严寒或寒冷地区应考虑土壤冰冻深度。

**工程管线的最小覆土深度（m）**　　　　　　　　　　表7-27

| 管线名称 | | 给水管线 | 排水管线 | 再生水管线 | 电力管线 | | 通信管线 | | 直埋热力管 | 燃气管线 | 管沟 |
|---|---|---|---|---|---|---|---|---|---|---|---|
| | | | | | 直埋 | 保护管 | 直埋及塑料、混凝土保护管 | 钢保护管 | | | |
| 最小覆土深度 | 非机动车道（含人行道） | 0.60 | 0.60 | 0.60 | 0.70 | 0.50 | 0.60 | 0.50 | 0.70 | 0.60 | — |
| | 机动车道 | 0.70 | 0.70 | 0.70 | 1.00 | 0.50 | 0.90 | 0.60 | 1.00 | 0.90 | 0.50 |

注：聚乙烯给水管线机动车道下的覆土深度不宜小于1m。

(7) 各类管线之间及其与其他建筑、设施的最小水平、垂直间距应符合地下管线最小水平净距表（表7-28）、地下管线交叉最小垂直净距表（表7-29）和各种管线与建、构筑物之间的最小水平间距表（表7-30）的要求。

**各种地下管线之间最小水平净距（m）** 表7-28

| 管线名称 | | 给水管 | 排水管 | 燃气管 | | | 热力管 | 电力电缆 | 电信电缆 | 电信管道 |
| --- | --- | --- | --- | --- | --- | --- | --- | --- | --- | --- |
| | | | | 低压 | 中压 | 高压 | | | | |
| 排水管 | | 1.5 | 1.5 | — | — | — | — | — | — | — |
| 燃气管 | 低压 | 0.5 | 1.0 | — | — | — | — | — | — | — |
| | 中压 | 1.0 | 1.5 | — | — | — | — | — | — | — |
| | 高压 | 1.5 | 2.0 | — | — | — | — | — | — | — |
| 热力管 | | 1.5 | 1.5 | 1.0 | 1.5 | 2.0 | — | — | — | — |
| 电力电缆 | | 0.5 | 0.5 | 0.5 | 1.0 | 1.5 | 2.0 | — | — | — |
| 电信电缆 | | 1.0 | 1.0 | 0.5 | 1.0 | 1.5 | 1.0 | 0.5 | — | — |
| 电信管道 | | 1.0 | 1.0 | 1.0 | 1.0 | 2.0 | 1.0 | 1.2 | 0.2 | — |

注：1. 表中给水管与排水管之间的净距适用于管径小于或等于200mm，当管径大于200mm时应大于或等于3.0m。
　　2. 大于或等于10kV的电力电缆与其他任何电力电缆之间应大于或等于0.25m，如加套管，净距可减至0.1m；小于10kV电力电缆之间大于或等于0.1m。
　　3. 低压燃气管的压力为小于或等于0.005MPa，中压为0.005~0.3MPa，高压为0.3~0.8MPa。

**各种地下管线之间最小垂直净距（m）** 表7-29

| 管线名称 | 给水管 | 排水管 | 燃气管 | 热力管 | 电力电缆 | 电信电缆 | 电信管道 |
| --- | --- | --- | --- | --- | --- | --- | --- |
| 给水管 | 0.15 | — | — | — | — | — | — |
| 排水管 | 0.40 | 0.15 | — | — | — | — | — |
| 燃气管 | 0.15 | 0.15 | 0.15 | — | — | — | — |
| 热力管 | 0.15 | 0.15 | 0.15 | 0.15 | — | — | — |
| 电力电缆 | 0.15 | 0.50 | 0.50 | 0.50 | 0.50 | — | — |
| 电信电缆 | 0.20 | 0.50 | 0.50 | 0.15 | 0.50 | 0.25 | — |
| 电信管道 | 0.10 | 0.15 | 0.15 | 0.15 | 0.50 | 0.25 | 0.25 |
| 明沟沟底 | 0.50 | 0.50 | 0.50 | 0.50 | 0.50 | 0.50 | 0.50 |
| 涵洞基底 | 0.15 | 0.15 | 0.15 | 0.15 | 0.50 | 0.20 | 0.25 |
| 铁路轨底 | 1.00 | 1.20 | 1.00 | 1.20 | 1.00 | 1.00 | 1.00 |

**各种管线与建（构）筑物之间的最小水平间距（m）** 表7-30

| 管线名称 | | 建筑物基础 | 地上杆柱（中心） | | | 铁路（中心） | 城市道路侧石边缘 | 公路边缘 |
| --- | --- | --- | --- | --- | --- | --- | --- | --- |
| | | | 通信、照明及<10kV | ≤35kV | >35kV | | | |
| 给水管 | | 3.00 | 0.50 | 3.00 | | 5.00 | 1.50 | 1.00 |
| 排水管 | | 2.50 | 0.50 | 1.50 | | 5.00 | 1.50 | 1.00 |
| 燃气管 | 低压 | 1.50 | 1.00 | 1.00 | 5.00 | 3.75 | 1.50 | 1.00 |

| 管线名称 | | 建筑物基础 | 地上杆柱（中心） | | | 铁路（中心） | 城市道路侧石边缘 | 公路边缘 |
|---|---|---|---|---|---|---|---|---|
| | | | 通信、照明及<10kV | ≤35kV | >35kV | | | |
| 燃气管 | 中压 | 2.00 | 1.00 | 1.00 | 5.00 | 3.75 | 1.50 | 1.00 |
| | 高压 | 4.00 | | | | 5.00 | 2.50 | 1.00 |
| 热力管 | | 直埋2.50 | 1.00 | 2.00 | 3.00 | 3.75 | 1.50 | 1.00 |
| | | 地沟0.50 | | | | | | |
| 电力电缆 | | 0.60 | 0.60 | 0.60 | 0.60 | 3.75 | 1.50 | 1.00 |
| 电信电缆 | | 0.60 | 0.50 | 0.60 | 0.60 | 3.75 | 1.50 | 1.00 |
| 电信管道 | | 1.50 | 1.00 | 1.00 | 1.00 | 3.75 | 1.50 | 1.00 |

注：1. 表中给水管与城市道路侧石边缘的水平间距1.00m适用于管径小于或等于200mm，当管径大于200mm时应大于或等于1.50m。

2. 表中给水管与围墙或篱笆的水平间距1.50m是适用于管径小于或等于200mm，当管径大于200mm时应大于或等于1.50m。

3. 排水管与建筑物基础的水平间距，当埋深浅于建筑物基础时应大于或等于2.50m。

4. 表中热力管与建筑物基础的最小水平间距对于管沟敷设的热力管道为0.50m，对于直埋闭式热力管道管径小于或等于250mm时为2.50m，管径大于或等于300mm时为3.00m对于直埋开式热力管道为5.00m。

（8）为方便施工、检修和不影响交通，地下管线尽可能不要布置在交通频繁的机动车道下面，尤其是小口径给水管、煤气管、电力、电信管缆可优先考虑敷设在绿地或人行道下面，其次，才考虑布置在非机动车下面。较少检修的大管径的给水管、雨水管、污水管等管道可考虑布置在机动车道下面。

（9）架空管线之间及其与建（构）筑物之间的水平和垂直净距应满足最小净距规定。架空通信线与电力线一般不宜架设在道路同侧。

### 2.9.2 管线工程综合图的内容与表达

（1）管线工程综合图一般包括管线综合设计平面图和道路管线布置横断面图。

（2）管线工程综合设计平面图的比例为1∶500或1∶1000。图中内容包括建筑；道路；各类管线在平面上的位置；管径或管沟尺寸；排水管坡向；管线起点及转折点的标高、坐标（也可以用距离建筑或其他固定目标的距离表示）；管线交叉点上、下两管道管底标高和净距。

（3）各类管线在平面图中可以用不同的线条图例或者用管线拼音的第一字母表示，管径可直接注在线上。

（4）管线交叉点标高通常有三种表达方法，根据管线复杂程度及实际需求决定采用哪一种，以使用方便为佳。

1）直接在每一个管线交叉点处画垂距简表（表7-31），把上下管线名称、管径、管底标高、净距、地面标高等项填入表中（图7-1）。如发现交叉管线发生冲突，则将冲突情况和原设计标高在表下注明，并将修正后的标高填入表中。此方法使用方便，但交叉点较多时，往往图面拥挤、图幅不足。

2）将管线交叉点分别编号，然后依照编号将各种数据填入另外绘制的交叉管线垂距表（表7-32）中。若发现交叉管线发生冲突，则将冲突情况和原设计标高填入垂距表的附注栏内，并将修正后的数据填入上表相应各栏中。此方法不受图幅限制，但图表分开，使用不及前一种方便。

垂距简表

表7-31

| 名称 | 管径 | | 管底标高 |
|---|---|---|---|
| | | | |
| | | | |
| 净距（m） | | 地面标高（m） | |

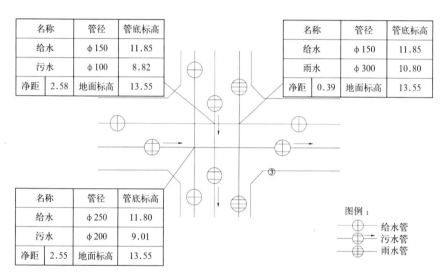

图 7-1　管线交叉点标高图

管线交叉点垂距表

表7-32

| 交叉口管线简图 | 交叉口编号 | 交叉点编号 | 交叉处的地面标高 | 上管 | | | | 下管 | | | | 垂直净距（m） | 附注 |
|---|---|---|---|---|---|---|---|---|---|---|---|---|---|
| | | | | 名称 | 管径（mm） | 管底标高 | 埋设深度（m） | 名称 | 管径（mm） | 管底标高 | 埋设深度（m） | | |
| 给污雨 1 2 给 4 污 3 雨 5 6 电信 ③ | ③ | 1 | | 给水 | | | | 污水 | | | | | |
| | | 2 | | 给水 | | | | 雨水 | | | | | |
| | | 3 | | 给水 | | | | 污水 | | | | | |
| | | 4 | | 雨水 | | | | 污水 | | | | | |
| | | 5 | | 给水 | | | | 雨水 | | | | | |
| | | 6 | | 电信 | | | | 给水 | | | | | |

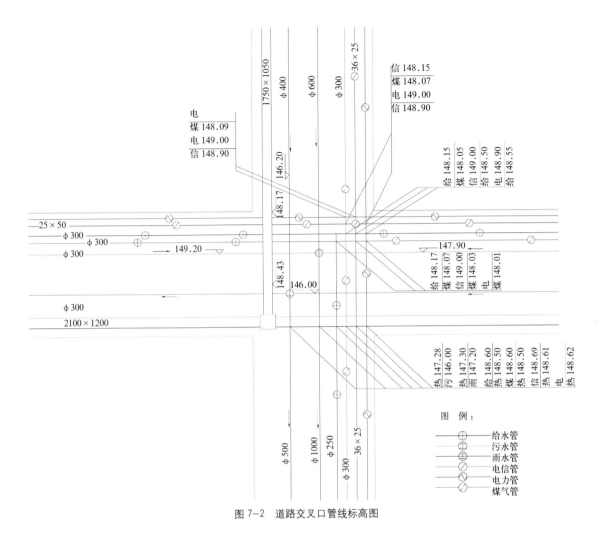

图7-2 道路交叉口管线标高图

3）将管道直径、地面控制高程直接注在平面图上，然后将管线交叉点的上下管线名称及相邻外壁（即上管底和下管顶）高程用线分出，注于图纸空白处。此法绘制简便、使用灵活，适用于交叉点较多的交叉口（图7-2）。

（5）道路管线布置横断面图常用比例1：200。图上应标明：道路各组成部分及其宽度，包括机动车道、非机动车道、人行道、分车带、绿化带，现状及规划的管线在平面和竖向上的位置，见图7-3。

### 2.9.3 管沟敷设

管沟敷设分专项管沟（包括排管）和综合管沟敷设两种。专项管沟敷设常见电信、电力等电缆埋设（图7-4、图7-5）；综合管沟则可同时敷设电力、通信、给水、热力、再生水、天然气、污水、雨水等管线（图7-6），但造价较高。

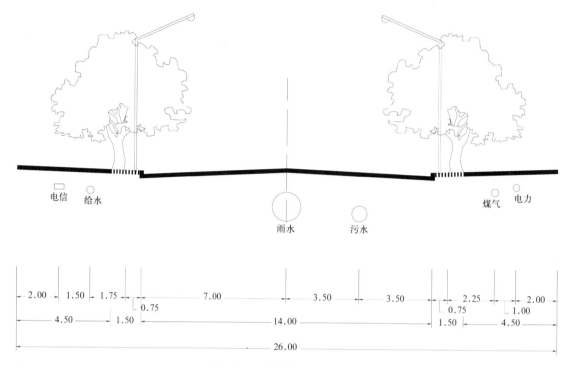

电信　给水　　　　　　　　　　　　　　　　　　　　煤气　电力

雨水　　污水

2.00　1.50　1.75　　　　　7.00　　　　3.50　　3.50　　2.25　　2.00
　　　　　　　0.75　　　　　　　　　　　　　　　　0.75　　1.00
4.50　　　1.50　　　　　　14.00　　　　　　　1.50　4.50
　　　　　　　　　　26.00

图 7-3　道路管线横断面布置示意

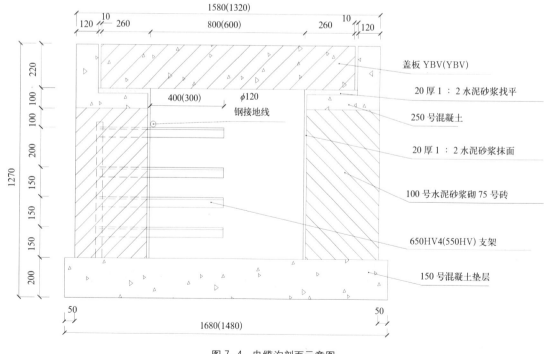

1580(1320)
120　10　260　　800(600)　　260　10　120

盖板 YBV(YBV)

20 厚 1：2 水泥砂浆找平

400(300)　　φ120
钢接地线

250 号混凝土

20 厚 1：2 水泥砂浆抹面

100 号水泥砂浆砌 75 号砖

650HV4(550HV) 支架

150 号混凝土垫层

1270
220　100　100　200　150　150　150　200

50　　　1680(1480)　　　50

图 7-4　电缆沟剖面示意图

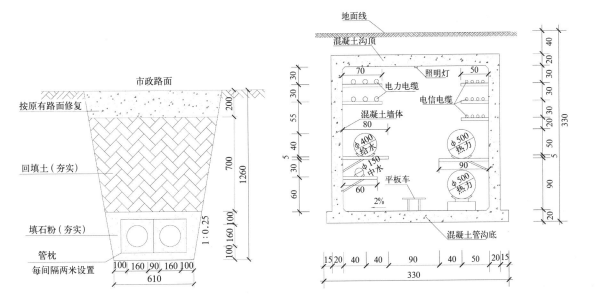

图 7-5　电缆排管剖面示意图（左）

图 7-6　综合管沟剖面示意图（右）

## 课后思考题

1. 居住区市政工程系统的构成与功能。

2. 居住区市政工程管线类型及其敷设特点。

3. 居住区排水体制及其优劣势。

4. 居住区消防工程设施规划要求。

5. 居住区市政工程管线的避让原则。

## 扩展阅读

[1] 吴志强 . 城市规划原理 : 第 4 版 [M]. 北京 : 中国建筑工业出版社，2011.

[2] 王仲谷，李锡然 . 居住区详细规划 [M]. 北京 : 中国建筑工业出版社，1984.

[3] 朱家瑾 . 居住区规划设计 : 第 2 版 [M]. 北京 : 中国建筑工业出版社，2007.

[4] 戴慎志 . 城市工程系统规划 : 第 3 版 [M]. 北京 : 中国建筑工业出版社，2015.

[5] 吴晓 . 城市规划资料集 : 第七分册 : 城市居住区规划 [M]. 北京 : 中国建筑工业出版社，2005.

[6] 宋培抗 . 居住区规划图集 [M]. 北京 : 中国建筑工业出版社，2000.

[7] 韩秀琦 . 当代居住小区规划设计方案精选 : 第 2 集 [M]. 北京 : 中国建筑工业出版社，2002.

# 8

## 第 8 单元　居住区竖向设计

# 单元简介

居住区规划设计中不仅有平面的布置，更应结合地形进行竖向设计，使场地能满足排水、管线敷设等方面的要求。本单元简单介绍了居住区竖向设计的作用及原则，并详细讲解了竖向设计的内容和方法。

# 学习目标

通过本单元的学习，应达到以下目标：

（1）建立地形的空间思维能力，熟悉居住区竖向设计的内容与要求。

（2）掌握竖向设计方法，能对地形进行改造设计，并能绘制相应图纸。

# 1 居住区竖向设计的作用及原则

## 1.1 竖向设计的作用

居住区建设用地的原始地形通常不能满足修建建筑布置、道路交通、城市景观等方面对场地的综合要求，建设时必须对自然地形进行改造。因此，居住区竖向规划设计就是在居住区规划布局的基础上，根据实际情况对地形加以利用和改造，合理决定用地的地面标高，使其适宜建筑的布置，同时有利于排除地面水，满足居民日常的生活、生产、交通运输以及敷设地下管线要求，达到功能合理、技术可行、造价经济、景观优美的要求，做到土石方工程量少、投资经济、建设快、综合效益佳的效果，确保改造后的地形能适于布置和修建各类建筑物、构筑物。

## 1.2 竖向规划设计的原则

（1）竖向设计应与用地选择及建筑布局同时进行，使各项建设在平面上统一和谐、竖向上相互协调。

（2）竖向规划应满足各类建设用地及工程管线敷设的高程要求，满足道路布置、车辆交通与人行交通的技术要求。

（3）应结合地形地貌进行竖向设计，尽可能采用地面汇流方式恢复或畅通雨水径流，实现"渗、滞、蓄、净、用"径流过程，控制屋面、道路、停车场、广场等的雨水径流，满足地表径流控制、内涝灾害防治、面源污染治理及雨水资源化利用的要求。

（4）在满足各项用地功能要求的基础上，避免高填、深挖，减少土石方、建（构）筑物及挡土墙、护坡等防护工程数量。

# 2 竖向设计的内容

居住区规划除了在平面上进行布局，还需要对三维空间进行规划布置，以充分利用和塑造地形，使地块坡度能满足建筑、道路、场地及其他设施建设的需求。居住区的竖向规划设计应符合现行行业标准《城乡建设用地竖向规划规范》CJJ 83—2016 的有关规定。

居住区竖向设计的内容包括：地形的利用与改造，地面的排水组织，确定建筑、道路、场地及其他设施的地面设计标高，计算土方工程量。

## 2.1 设计地面

居住区应选择在安全、适宜居住的地段进行建设，不得在有滑坡、泥石流、山洪等自然灾害威胁的地段进行建设。用地宜选择向阳、通风条件好的用地，其自然坡度宜小于 25%，规划坡度宜小于 15%。当自然地形不能满足功能使用、工程技术和空间环境组织等要求时，将自然地面加以适当改造，使其能满足使用要求的地形，称作设计地形。

设计地形按地块整平连接形式可分为以下三种：

（1）平坡式（图 8-1）：用地经改造成为平缓斜坡的规划地面形式。把用地处理成一个或多个坡向的连续的整平面，坡度和标高均无较大的变化。一般适用于自然地形较为平坦的地块，其自然坡度小于 5% 时，适用于建筑密度大、地下管线复杂的地块。

（2）台阶式（图 8-2）：用地经改造成为阶梯式的规划地面形式。当自然地形坡度增大至 8% 时，地面水对地表土壤及植被的冲刷严重加剧，行人上下步行也产生困难，必须对地形进行整理，以台阶式来缓解上述矛盾。台阶式是由几个标高差较大的地块连接而成的台阶式整平面，连接处设挡土墙或护坡，相互以梯级或坡道联系。这种台阶式设计地面一般适用于自然地形坡度较大的地块，尤其是建筑密度较小、管网线路较简单时，其自然地形坡度大于 3%。或者场地长度超过 500m 时，虽然自然地形坡度小于 3%，也可采用台阶式。

图 8-1 平坡式设计地面形式（左）

（a）单向斜面平坡；
（b）由场地中间向边缘倾斜的双向斜面平坡；
（c）由场地边缘向中间倾斜的双向斜面平坡

图 8-2 台阶式设计地面形式（右）

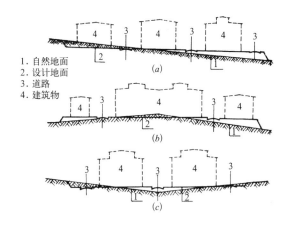

1. 自然地面
2. 设计地面
3. 道路
4. 建筑物

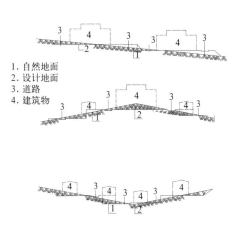

1. 自然地面
2. 设计地面
3. 道路
4. 建筑物

台阶式用地中每块阶梯内的用地称为台地。居住用地分台布置时，宜采用小台地形式。

（3）混合式：用地经改造成平坡和台阶相结合的规划地面形式，即平坡和台阶混合使用。在地形复杂的地区，可以将基地划分为若干个地块，每个地块按照平坡式平整场地，而地块间的连接采用台阶式，或在某些部位设置为一种形式，其他部位设置为另外一种形式。一般用地自然坡度为 5%~8% 时采用混合式。

居住区台地的划分应考虑地形坡度、坡向、风向等因素的影响，与建设用地规划布局和总平面布置相协调，满足使用性质相同的用地或功能联系密切的建（构）筑物布置在同一台地或相邻台地的布局要求。建筑物的布置与用地功能结合，同一性质的用地或功能联系紧密的建筑物，布置在同一台地或相邻台地内。台地的长边宜平行于建筑物长边与等高线布置，台地高度、宽度和长度应结合地形并满足使用要求确定。

## 2.2 设计标高

确定建筑、道路、场地及其他设施的地面设计标高是居住区竖向设计的主要内容。

在设计标高时，场地应满足防洪排水的要求，确保基地不被水淹、建筑不被倒灌、雨水排除顺利。场地设计标高一般应接近自然地形标高，避免大量挖填方。需挖填方时，应考虑地质条件和地下水位的影响，地下水位较低时土层的耐力较高可以减少基础的埋置深度，适合挖方。场地的设计标高还应考虑建筑的布置，充分合理利用地形、减少土石方工程量，并在场地内形成融合自然、富于变化的空间景观（图8-3）。

确定建筑标高时，一般将建筑物与道路连接的地面排水坡度设置为 1%~3%，这个坡度同时满足车行技术要求。当建筑有车行道时，室内外高差为 0.15m；当建筑无车行道时，一般室内地坪比室外地面高 0.45~0.60m。

为满足道路技术要求、排水要求及管线敷设要求，道路应设置纵坡，道路最小纵坡不小于 0.2%。雨水由各个整平地面排至道路，沿路缘石排水槽排

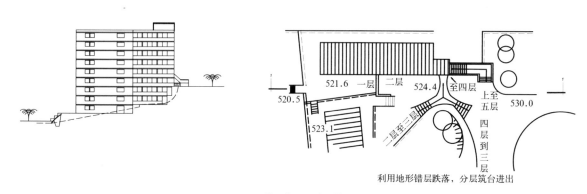

利用地形错层跌落，分层筑台进出

图8-3 利用地形、建筑错层跌落

入雨水口。机动车道纵坡一般设置为不超过 6%。困难时可达 8%，但应限制坡长不超过 200m。多雪严寒地区最大纵坡不超过 5%，坡长不超过 600m。非机动车道最小纵坡不小于 0.2%，纵坡一般不大于 3%。人行道坡度超过 8% 时宜设置为梯级和坡道。交叉口纵坡不大于 2%，保障车辆畅行。

室外场地的坡度不小于 0.2%，并不得向建筑散水。广场规划坡度宜为 0.3%~3%。应采用低影响开发的建设方式，采取有效措施促进雨水的自然积存、自然渗透与自然净化。

## 2.3 场地排水

设计标高时考虑到不同场地的坡度要求，根据场地的地形特点和设计标高,划分排水区域,并进行场地的排水组织，一般分为暗管排水和明沟排水两种。

(1) 暗管排水

用于地势较平坦的地段，道路低于建筑物标高并利用雨水口排水。雨水每个可负担 0.25~0.5hm² 汇水面积，多雨地区采用低限，少雨地区采用高限。

(2) 明沟排水

用于地形较复杂的地段，明沟纵坡一般为 0.3%~0.5%。明沟断面宽度 400~600mm，高 500~1000mm。明沟边距离建筑物基础不应小于 3m，距离围墙不小于 1.5m，距道路边护脚不小于 0.5m。

## 2.4 挡土设施

设计地面时，不同标高之间的衔接位置需要做挡土设施，一般采用挡土墙和护坡，有通行需求时设置梯级和坡道联系。

(1) 护坡

护坡（图 8-4）是一段连续的斜坡面，为保证土体和岩石的稳定，斜坡面必须具有稳定的坡度，称为边坡坡度，一般用高宽比表示。防止用地岩土体边坡变迁而设置的斜坡式防护工程，即为护坡，如土质或砌筑型等护坡工程。相邻台地间高差为 1.5~3m 时，宜采用护坡形式。一般坡度不大于 1：1，且为了建筑的安全和利于排水，护坡坡顶边缘距建筑不小于 2.5m。

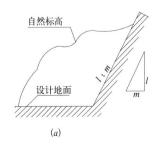

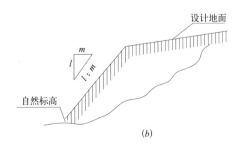

图 8-4 护坡形式
(a) 挖方坡度；
(b) 填方坡度

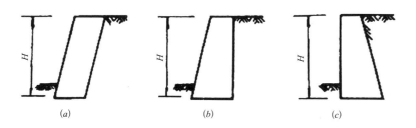

图 8-5　挡土墙形式
(a) 仰斜墙；
(b) 垂直墙；
(c) 俯斜墙

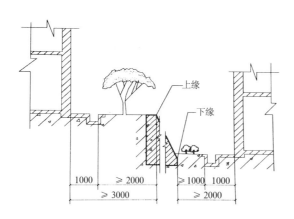

图 8-6　建筑物与边坡
或挡土墙的距离要求

（2）挡土墙

挡土墙（图 8-5）是防止用地岩土体边坡坍塌而砌筑的墙体，多用砖、毛石、混凝土建造。当设计地面与自然地形有一定高差时，采用一般铺砌护坡不能满足防护时，或者用地受限制地段，宜设置挡土墙。相邻台地高差大于 3m 时，宜采取挡土墙结合放坡形式，挡土墙高度不宜大于 6m。挡土墙高度超过 1.5m 时，已构成对视野和空间较明显的围合感。根据环境设计的具体要求，用绿化进行适当的遮挡或覆盖可降低其影响。如作一定的景观处理，可增加空间层次，丰富景观内容。

高度大于 2m 的挡土墙和护坡的上缘与建筑物的水平距离不应小于 3m，其下缘与建筑间的水平距离不应小于 2m，如图 8-6 所示。高度大于 3m 的挡土墙与建筑物的水平净距还应满足日照标准要求。挡土墙和护坡上、下缘距建筑 2m，已满足布设建筑物散水、排水沟及边缘种植槽的宽度要求，但上、下缘有所不同。因上缘与建筑物距离还应包括挡土墙顶厚度（高差大于 1.5m 时，应在挡土墙或坡度比值大于 0.5 的护坡顶面加设安全防护设施），种植槽应可种植乔木，至少应有 1.2m 以上宽度，故应保证 3m，而下缘的种植槽仅考虑种植花草、小灌木和爬藤植物。

# 3　竖向设计的表示方法

居住区常用的竖向设计表示方法主要有设计标高法、设计等高线法两种。一般平坦场地或对室外场地要求较高的情况常用设计等高线法表示，坡地场地常用设计标高法表示。

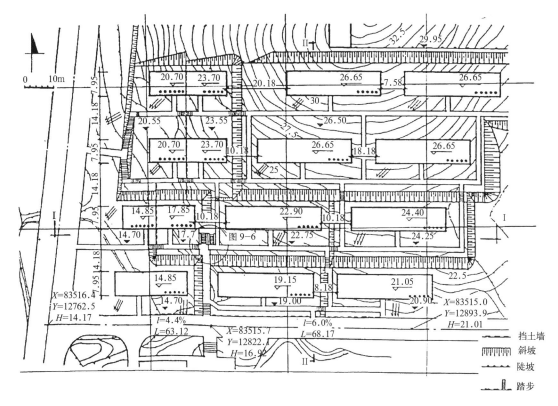

图 8-7　设计标高法

## 3.1　设计标高法

设计标高法（图8-7），又称高程箭头法，是根据地形图上所指的地面高程，确定道路控制点（起止点、交叉点）与变坡点的设计标高和建筑室内外地坪的设计标高，以及场地内地形控制点的标高，并注在图上。设计道路的坡度及坡向，以地面排水符号（即箭头）表示。该方法的优点是规划设计工作量较小，且便于变动、修改。但因其较为粗略，部分位置标高不明确，为弥补不足，常在局部加设剖面。

操作步骤：

（1）设计地面形式——根据基地地形和相关规划的要求，确定设计地面适宜的平整形式。

（2）竖向设计——标明道路中轴线控制点（交叉点、变坡点、转折点）的坐标及标高，并标明各控制点间的道路纵坡与坡长。一般是从居住区外部已确定的城市道路标高引入居住区内，并逐级向整个道路系统推进，最后形成标高闭合的道路系统。

（3）地平标高设计——保证室外地面适宜的坡度，标明其控制点整平标高。

（4）标高与建筑定位——根据要求标明建筑室内地平标高，并标明建筑坐标或建筑物与其周围固定物的距离尺寸，便于在施工放线时对建筑物定位。

（5）排水——用箭头法表示设计地面的排水方向，若有明沟，则标明沟底面的控制点标高、坡度及明沟的高宽尺寸。

（6）墙、护坡——设计地平的台阶连接处标注挡土墙或护坡的设置。

（7）图和透视图——在具有特征或竖向较复杂的部位，作出剖面图以反映标高设计。

## 3.2 设计等高线法

设计等高线法（图 8-8）用等高线表示设计地面、道路、广场、停车场和绿地等的地形设计情况。通过等高线的对比，可以对整个地块的设计情况与原有地貌作比较，并反映挖填方情况。

使用该方法便于土石方量的计算，能较清晰地表达设计地形和原地形的关系，并检查设计标高的正误，适用于地形较复杂的地段或山坡地。表达地面设计标高清楚明了，能较完整表达任何一块设计用地的高程情况，但工作量较

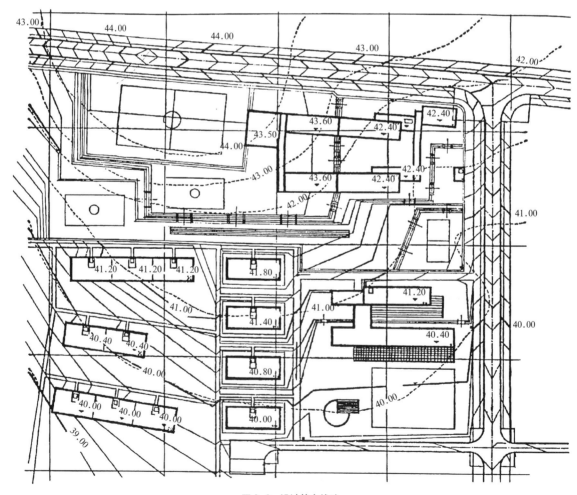

图 8-8　设计等高线法

大且图纸上等高线密布读图不便。因此，在实际操作可适当简略，如室外地平标高可用标高控制点来表示。

操作步骤：设计等高线法操作步骤与设计标高法基本一致，只是在表达方法上有所差异，设计标高法用标高和箭头表达竖向设计，设计等高线法则用设计标高和设计等高线表达竖向设计。

# 4 土石方工程量计算

## 4.1 方格网法

（1）划分方格网（图8-9）：根据已有地形图划分方格网，平坦地块用20~40m,地形起伏较大的地段方格边长多采用20m;作土方工程量初步估算时，方格网可达到50~100m。根据地形图高程套出方格各点的设计标高和地面标高，前者标于方格角点右上角，后者标于右下角，计算出各点的施工（填、挖）标高，并标在相应方格角点的左上角。

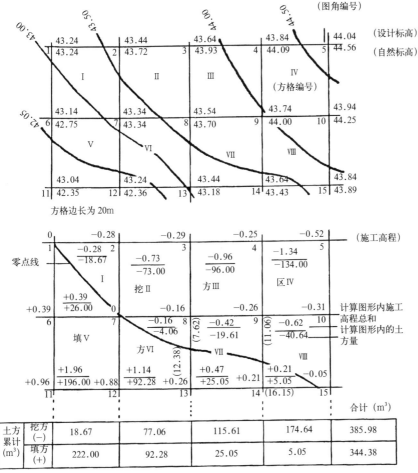

图8-9 方格网法计算土石方量示例

| 土方累计(m³) | 挖方(一) | 18.67 | 77.06 | 115.61 | 174.64 | 385.98 |
|---|---|---|---|---|---|---|
| | 填方(+) | 222.00 | 92.28 | 25.05 | 5.05 | 344.38 |

（2）计算零点位置：将零点连接起来成为零线（填挖分界线）。建筑场地被零划分为挖方和填方区。

（3）计算土石方方量：按底面图形和体积计算每个方格内的填、挖方量。

（4）汇总：将挖方区或填方区所有方格计算土方量汇总，即将该场地的挖方和填方量相加后算出挖、填方工程总量，乘以松散系数（表8-1），才得到实际的挖、填方工程量。

土壤松散系数　　　　　　　　　　　　表8-1

| 系数名称 | 土壤种类 | 系数（%） |
|---|---|---|
| 松散系数 | 非黏性土壤（砂、卵石）； | 1.5~2.5 |
| | 黏性土壤（黏土、亚黏土、亚砂土）； | 3.0~5.0 |
| | 岩石类填土 | 10.0~15.0 |
| 压实系数 | 大孔性土壤（机械夯实） | 10.0~20.0 |

## 4.2　横断面法

（1）布置横断面线（图8-10）：根据地形变化和竖向规划的情况，在居住区竖向规划图上画出横断面的位置。断面的走向，一般垂直于地形等高线、主要规划道路或建筑物的长轴。断面位置应设在地形（原自然地形）变化较大的部位。横断面数量、地形变化情况对计算结果的准确程度有影响。地形变化复杂时，应多设断面；地形变化较均匀时，可减少断面。要求计算的土方量较准确时，断面应增多；作初步估算时，断面可少一些。

（2）作断面图：根据各断面的自然标高和设计标高，在坐标纸上按一定比例分别绘制各断面图。绘图时，垂直方向和水平方向的比例可以不相同，一般水平方向采用1：500~1：200，垂直方向采用1：200~1：100。

（3）计算各断面的填挖面积时，可由坐标纸上直接求得；或划分为规则的几何图形进行计算。

（4）计算填挖方量。相邻两断面间的填方或挖方量，等于两断面的填方面积或挖方面积的平均值，乘以其间的距离。

## 4.3　余方工程量估算

土石方工程量平衡除考虑上述场地平整的土石方量外，还要考虑地下室、建筑和构筑物基础、道路以及管线等工程的土石方量，这部分的土石方可采用估算法取得。

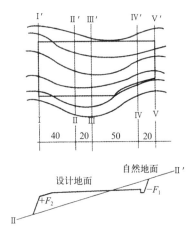

图8-10　土石方工程量横断面计算法

(1) 多层建筑无地下室者,基础余方可按每平方米建筑基底面积的0.1~0.3倍估算;有地下室者,地下室的余方可按地下室体积的1.5~2.5倍估算。

(2) 道路路槽余方按道路面积乘以路面结构层厚度估算。路面结构层厚度以 20~50cm 计算。

(3) 管线工程的余方可按路槽余方量的 0.1~0.2 倍估算。有地沟时,则按路槽预防量的 0.2~0.4 倍估算。

## 课后思考题

1. 居住区竖向规划设计的作用及基本原则。

2. 设计地面有哪三种形式。

3. 简述竖向设计的内容。

4. 简述竖向设计的表示方法。

# 综合课程设计实训

## 《居住区规划设计》课程设计任务书

### 1. 设计要求

(1) 按照国家现行的有关法规、条例、定额指标，依据基地的综合环境现状，结合当地的生活习俗和生活水平，学习拟定适宜的规划设计原则和技术经济指标。

(2) 熟悉分析基地建设条件、基地与周边环境关系的方法，使居住小区规划设计充分利用地形地貌，与基地周边环境有机融合。

(3) 掌握居住区规划设计的基本原理和设计要点，具备居住区设计的基本能力。在规划中处理好建筑、道路、绿地、外部空间之间的关系，满足居民文化教育、体育、健身、购物交往、游憩娱乐等活动要求。体现绿色、方便、舒适、安全、经济、实用的规划设计理念。

(4) 鼓励结合绿色节能，生态住宅和地域文化进行思考和设计。运用规划设计方法，在改善生态环境、延续地方文化、创造适宜居住环境、提供个性化多样化居住模式等方面进行探索。

### 2. 基地

居住区基地如下图，用地面积约 20hm²，详见 CAD 附图文件。

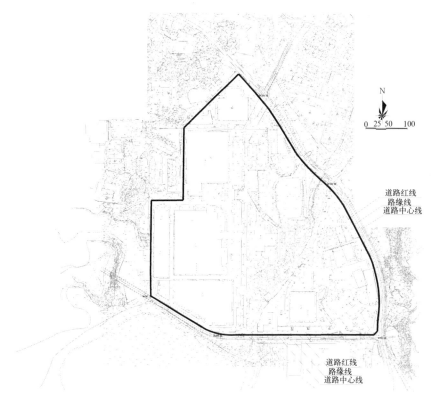

基地平面图

### 3. 主要技术指标

(1) 居住区规模：用地规模约为 18~20hm$^2$。

(2) 商业面积：临街和临水面商业考虑形态和业态，结合多种形式的需求进行设计，如内街或院落等，商业面积总量不低于 5 万 m$^2$。

(3) 住宅面积：以中套为主，大小套为辅，平均每套建筑面积约 100m$^2$。

(4) 住宅层数：以多层为主，I 类高层为辅（其中 I 类高层总量不超过总建筑面积的 1/3）。

(5) 容积率：1.8~2.0

(6) 停车位：公共建筑每 200m$^2$ 设一个车位，住户车位按每户至少一个车位设置。

(7) 居住区内部设独立占地的幼儿园，班数按千人指标计算。

(8) 其余综合经济技术指标、公建指标及运动场地依据规范计算拟定。

### 4. 图纸成果

(1) 规划总平面图（出图比例不低于 1：1000 并带比例尺），图示内容至少包括：

居住区各项用地界线；

住宅建筑群体布置（标明层数及正负零标高）；

公共建筑和公用设施布置（标明层数，正负零标高与道路衔接的出入口）；

道路系统（车行道、人行道、停车设施）；

公共绿地系统；

用地平衡表；

公建项目表（编号、分类、项目名称、图例）；

综合经济技术指标。

(2) 竖向设计图纸（出图比例不低于 1：1500 并带比例尺），图示内容至少包括：

道路的坡度及长度；道路转折点的坐标定位及原始和设计标高等；

建筑定位；场地标高及室内地坪标高；堡坎位置排水方向。

(3) 表现图

居住区全景鸟瞰图或轴测图；

局部节点小透视图。

(4) 住宅选型平面

主要户型标准层、建筑立面和建筑剖面。

(5) 分析和构思说明图（自定）

地形分析：坡度、坡向、高程、排水分析；

现状分析：现有道路、建构筑物、植被、水体、管线分析；

规划组织结构、道路系统、绿地系统、空间环境等分析；

构思图解和构思简要文字说明（规划设计指导思想、构思、方案特点等，300 字）；

与规划构思有关的构思草图、体块分析图等。

## 5. 图纸要求

（1）最终图纸一律采用电脑绘制，A1 图幅，不少于 2 张。

（2）主表现图必须为鸟瞰图，表现方法不限，不小于 A3 图幅，且应组合在一张 A1 图中。其他效果图结合布图考虑，表现内容、表现方式和数量不限。

（3）有特殊原因不能采用电脑绘制的，需向指导老师单独提出申请，并获得批准。

专题
居住区规划设计

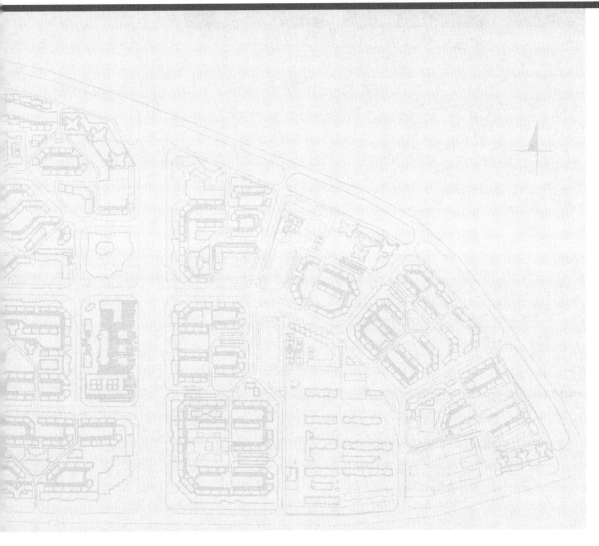

# 9

第9单元　城市旧居住区
　　　　　再发展

## 单元简介

本单元从城市转型与居住区形态谈起，根据旧居住区再发展的工作思路，从再生发展的原因、原则、方式方法、注意问题等方面详细阐述旧居住区再发展规划设计的工作内容、工作原则和工作方法。

## 学习目标

通过本单元学习，应达到以下目标：

（1）明确旧居住区再发展的时代原因，能够解释城市转型与居住区形态的发展之间的关系，合理程度达到 60%；

（2）了解旧居住区再发展的关键问题，熟知旧居住区再发展规划设计的方式方法，能够基本参与居住区再发展规划设计相关工作。

# 1 城市转型与居住区形态

## 1.1 国际居住区转型发展

城市发展不断新陈代谢，作为城市中最重要组成部分的居住区，其形式也在不停地发生变化。在这一点上，设计师们在长期的规划工作中做了很多尝试和探索，留下了一些具有代表性的案例，对人民的日常生活产生了深刻的影响。

西方发达国家在第二次世界大战之后由于面临战后复兴和当时住房短缺的发展需求，城市发展动力空前，按照现代主义建筑与城市规划理论建造了一批完全不同于此前传统居住区形态的现代居住区。这些居住区主要由公营社会住宅组成，其规划形态采用了以现代主义建筑大师勒·柯布西耶为代表的现代主义城市规划思想。当时教科书般的著名案例有由设计纽约世贸中心双塔的日裔美籍建筑师雅马萨齐主持设计的普鲁蒂·艾戈（Pruitt Igoe）（图 9-1），该项目始建于 20 世纪 50 年代，位于美国密苏里州圣路易斯。另一个典型案例就是位于荷兰阿姆斯特丹东南新城的拜尔美米尔住区（Bijlmermeer）（图 9-2），以及英

图 9-1 美国密苏里州圣路易斯的普鲁蒂·艾戈航拍照片

（资料来源：窦强.城市转型与住区形态——中国式城市人居的构建 [M].北京：中国建筑工业出版社，2015:2）

图 9-2 荷兰阿姆斯特丹东南新城拜尔梅米尔住区平面图（左）、鸟瞰图（右）

（资料来源：窦强. 城市转型与住区形态——中国式城市人居的构建[M]. 北京：中国建筑工业出版社，2015:3）

国谢菲尔德公园山项目(Park Hill)（图9-3）。

以上这些项目中设计初期都怀揣美好的社会理想，得到无限推崇。但随着时间的推移，社会意识形态发生改变，这些居住区在使用过程中渐渐出现许多问题，使得有条件的居民纷纷搬离，这些地方很快便沦为城市的"贫民窟"，甚至成为犯罪频发的区域。最终，这些居住区要么被废弃，要么就是被政府彻底拆除。其中，普鲁蒂·艾戈被视作现代主义建筑思想主导城市规划设计彻底失败的代表，在1972年被彻底炸毁拆除（图9-4），此事件一度在业界广为流传。后来，西方学者在20世纪70年代针对现代主义居住区形态的若干问题进行了反思，从中汲取阶段性尝试失败的经验，为此后的城市居住区规划设计实践提供参考。

在这样的背景之下，时间来到20世纪80年代，此时的西方社会又一次面临转型，传统重工业的逐渐衰退带来了棘手的社会问题和环境问题，信息化迅猛发展，城市私有化的加强。人们纷纷将住宅修建到城市郊区，大量私人住房建设伴随着城市的蔓延，而城市中心区却逐渐萧条。美国的

图 9-3 英国谢菲尔德公园山项目

（资料来源：窦强. 城市转型与住区形态——中国式城市人居的构建[M]. 北京：中国建筑工业出版社，2015:2）

图 9-4 普鲁蒂·艾戈于1972年被炸毁

（资料来源：窦强. 城市转型与住区形态——中国式城市人居的构建[M]. 北京：中国建筑工业出版社，2015:3）

城市郊区形成了以独立私人住宅为主的居住社区。而因此产生的城市快速蔓延和膨胀在如今看来，并不是一条可持续发展的道路。到20世纪90年代，这种私有化的居住区形式又暴露出来新的问题，由此引发了关于"门禁式社区"(Gated Community) 等规划模式的大讨论，一直延续至今，成为现在居住区规

划设计所面临的一个大问题。

门禁式社区在《美国堡垒：门禁社区在美国》一书里被描述为具有指定边界，通常是围墙或围栏，并对入口进行管控以限制非本区居民进入对住宅区。美国最早的门禁式社区模式出现在 19 世纪末纽约的 Tuxedo Park 和圣路易斯的私家街道，那是为了应对工业化生产住宅的背景下为富人开发的高档居住区。20 世纪 60 年代，出现了退休年龄人口使用的门禁式社区（Gated Retirement Comminities），此后，以中产阶级为对象开发的城市郊区居住区也采用了门禁式社区模式。在全球化时代的今天，门禁式社区已在世界各地出现，并且出现了地方性差异。在拉丁美洲的圣保罗和布宜诺斯艾利斯、南非城市约翰内斯堡、沙特阿拉伯、印度尼西亚等地，都有为上层和中产阶级而建的门禁式社区。同样据统计，英格兰有约 1000 个门禁社区。

## 1.2　中国居住区发展

我国的国情从社会文化到经济体制都与西方资本主义国家不尽相同，因此我国的城市转型与居住区形态的变化也是基于中国特有的文化历史和社会环境产生的。但是，西方发达国家对于居住区规划形式的研究和探索，以及在失败案例中反思出来的经验，同样值得我国的规划工作者深思。

1949 年中华人民共和国成立，是我国现代城市转型的一个重要节点。初期我国实行计划经济体制，福利建房与城市住房租赁体系成为大部分住房解决方案。20 世纪 80 年代以后，我国开始实行市场经济体制，到 20 世纪末完成了从社会主义计划经济向市场经济和住房商品化的重要转型。这个速度是非常惊人的，以北京为例，到 1998 年约 80% 的家庭拥有了私人住宅，这比很多西方发达国家的比例都要高出很多。在这个过程中，开发商和物业公司承担起了提供居住区公共服务设施配套建设和服务的工作。中国的这种转变，从住房的"去商品化"（De-commodification）到居住区的"再商品化"（Re-commodification），整个过程在 20 年的时间内完成，如此迅速的城市转型在西方发达国家从未出现过。

随着房地产业的兴起和高速的城市化进程，我国新一轮的城市居住区建设以私有的住房开发项目为主，规模空前，且普遍采用门禁式社区。到现在，门禁式社区已经是我国最常见的居住社区的规划形式。与美国孤岛般到门禁式社区不同，中国的此类居住区已经成为城市规划结构的基本单位。不过随着国民生活水平的提高，中国大城市中的门禁式居住区会与大型购物中心、教育医疗或者城市综合体等服务设施结合设置，形成具有一定主题的生活居住区。

目前我国城市化的要求之一是发展高质量的城市化，其重点是人的城市化。新时代对居住区有新的构想，业内对于门禁式社区的争议也还存在。这种区域私有化的居住区使得城市用地碎片化，部分道路交通量过于集中，这是导致我国一些大城市中心在拥有宽敞道路的条件下依然经常堵车的原因之一。所以现在提出打造宜居大社区环境的规划思路，倡导开放门禁式社区，统筹发展居住区中心绿化、商业等基础服务配套建设。但是，各类门禁式社区的地理位置和品质定位等因素直接关系到居民的生活情况和经济利益等实际权益，要开放居住小区还有很多方式方法需要思考和论证。

# 2 城市旧居住区再发展原则

## 2.1 城市旧居住区的主要问题

### 2.1.1 城市旧居住区的概念

城市旧居住区指的是建造时间有一定的年代，其住宅建筑、公共配套设施和外部环境需要更新改造的居住区。这些旧居住区包括由于各种历史原因形成的城市里非经规划而建造的居住社区和街区，也有我国陆续规划建设但因各种原因需要更新改造的居住社区。

### 2.1.2 城市旧居住区的主要问题

城市旧居住区形成的历史原因多种多样错综复杂，导致其居住人员、建筑现状、周边环境等情况错综复杂，大部分共性问题可总结为以下几个：

(1) 布局混乱，非正式市场、工厂等和居住建筑混杂，相互依存，道路分工不明，存在严重的安全隐患；

(2) 住宅房屋问题，其房屋在功能布局、结构构造等方面都在一定程度上不再适合现代生活方式，且均存在不同程度的损坏，给居民的日常使用造成不良影响；

(3) 公共服务设施问题，绝大部分公共服务设施缺乏、陈旧或者超负荷运行，存在安全隐患，也不再满足现代生活的要求；

(4) 交通拥堵，居住人口密度高，居住拥挤，停车设施缺乏，道路使用人口多但被占道情况严重，交通不畅；

(5) 区域内居民以困难户、缺房户和合住户为主，搬迁和迁住后的经济问题很严峻。

## 2.2 城市旧居住区再发展的特点

基于旧居住区的种种现实问题，再发展则具有一定的特殊性，其策略是不同于新居住区或小区项目开发的。

### 2.2.1 复杂性

旧居住区再发展的复杂性首先体现在再开发区域现状的地上和地下的物质环境，从建筑本身到管网、公共配套设施和交通，情况普遍比较严峻，须进行详细深入的调查分析。再者，旧居住区所牵涉的大量社会问题、历史遗留问题和政策方面的情况也是必须纳入区域再发展考量范围的。旧居住区再发展工作必须在现行法律法规的框架下开展，但又需要足够的人性化来探讨无数特别个例的解决方式。

### 2.2.2 长期性和阶段性

在旧居住区再发展的同时，城市也在不停地更新，人们的生活水平持续提高，科学技术进步不断，这对城市规划建设又会有新的要求。而居住区建设的各项技术和标准均受到当时国民经济水平的制约，所以会有新的拟再发展的旧居住区陆续涌现。种种因素决定了旧居住区再发展是一项长期开展的工作。居住区常常一次性大量开发，而再发展不必如此大拆大建。建设标准和技术随着经济水平的提高而进步，分阶段完成旧居住区的再发展从经济和效果上是较优化的策略。

### 2.2.3 综合性

城市旧居住区的再发展不仅是一个街区的改变，这涉及城市总体规划和控制性详细规划的调整，比如重新调整区域内的人口密度需要考虑人口的迁移，建筑层数的改变会引起地块容积率或建筑高度的变化，需要考虑城市基础设施的负荷和附近名胜古迹保护等情况。不仅如此，一些历史文化特色的传统旧居住区的再发展，除了考虑其本身的经济和社会效益以外，其城区和建筑的城市文脉价值和艺术价值的保留是值得充分考虑和尊重的。所以，旧居住区再发展工作需要统筹解决的问题比新区开发还要庞大。

## 2.3 城市旧居住区再发展的原则

2008年1月1日起开始施行的《中华人民共和国城乡规划法》(2015年修订)第三十一条明确规定："旧城区的改建，应当保护历史文化遗产和传统风貌，合理确定拆迁和建设规模，有计划地对危房集中、基础设施落后等地段进行改建。历史文化名城、名镇、名村的保护以及受保护建筑物的维护和使用，应当遵守有关法律、行政法规和国务院的规定。"这就是旧居住区再发展的指导原则和工作依据。具体到城市规划设计的编制工作，我国从2006年4月1日开始实行的《城市规划编制办法》第三十一条就明确阐述了城市旧区更新发展的工作思路："划定旧区范围，确定旧区有机更新的原则和方法，提出改善旧区生产、生活环境的标准和要求。"

## 3 城市旧居住区再发展规划调查研究

## 3.1 城市旧居住区更新规划调查研究方法

调查研究工作对于旧居住区再发展非常重要。这一项研究内容复杂繁多，需要做许多细致的工作。而调查内容也必须依靠当地群众和社区工作人员等，分系统、分种类、分地段进行，统筹安排各方面信息资料的收集，相互结合。研究的方法可以采取问卷调查、开座谈会、现场调查和实地观测等，目的是取得确切的信息资料，从而对旧居住区的现状进行客观的综合评估，建立待发展区域的资料档案，作为规划设计工作的依据文件。

## 3.2　城市旧居住区更新规划调查内容

调查研究的内容涉及拟再发展区域相关的各个方面，内容种类繁多，实际工作中可根据再发展区域的具体情况有所侧重。主要的调查内容包括以下方面：

### 3.2.1　土地使用情况

土地使用现状包括各类用地的使用性质、使用单位、分布、范围和相互关系，以及各项用地在使用过程中存在的问题和各利益单位日后发展的要求。调查统计结果可以通过图、表和文字描述表示。

### 3.2.2　建筑现状

建筑现状包括区域内各类建筑的使用性质、建筑面积、层数、结构类型、使用年限、设备标准、损坏程度、历史文化价值、产权所有等。调查结果可用图、表和文字描述表示。另外，对于建筑现状的调查研究还应结合土地使用现状，分析建筑密度和容积率。对于需要保留和保护的旧居住区建筑，需要收集住宅平面组成的资料。

### 3.2.3　居住人口现状

居住人口现状调查内容包括拟再发展区域的总人口、人口年龄和性别构成、总户数和户型组成、出生率和人口发展预测。在此基础上，结合用地和建筑现状调查，分析人口密度和居住水平，并按困难户、缺房户等分类详细统计划分。另外，拟再发展区域内的居民职业、工作地点、经济收入和生活习惯等情况也应该纳入调查研究的内容。

### 3.2.4　配套公共服务设施

该调查研究的内容包括各类公共服务设施的项目、规模、服务半径、服务质量，并明确其存在的问题和发展要求。其中，公共服务设施的规模包括建筑面积、用地面积、使用人数（户数）。

### 3.2.5　市政公用设施现状

这类调查内容包括以下几个方面：

（1）给排水、供强电、供弱电、供热、供燃气等现状；

（2）各类地下管线等埋设位置、埋深、管径大小和管道材料；

（3）地上管线等架空位置、架设高度、架设方式、管径大小和管道材料；

（4）现行道路的线形、横断面和路面、路基构造，规划道路红线的宽度和断面，道路交通状况、交通量以及公共交通线路以及站点位置等；

（5）人防工程、桥梁、涵洞、河道及其驳岸和其他工程设施。

以上内容均须做详细的调查研究，最后用图、表和文字描述表示出来。

### 3.2.6　城市旧居住区产业现状

这部分调查包括拟再发展区域的工厂生产情况、原料和成品运输方式、运输量、环保备案情况以及生产过程是否遵守相关环保规定，比如废弃、噪声等是否对周围环境产生污染。此外，还要对工厂生产发展要求以及迁移计划和条件做调查研究。

### 3.2.7　生态环境质量

生态环境质量方面调查区域内大气污染情况、噪声污染情况，以及原有住宅的日照、通风条件等。

### 3.2.8　建设资金

居住区再发展的建设资金来源可以是政府专项资金和各企事业单位自筹资金等，这部分调查研究须落实资金来源和数量，包括各个渠道来源分别筹措的数量和总数量。

### 3.2.9　社区文化与社会网络

社区文化指社区文化活动的组织、内容、特色和参与情况，社会网络包括社区邻里关系和公众参与的程度，尤其需要充分了解居民对居住区再发展更新改造的意愿和态度。

### 3.2.10　行政区划分与改造权限

旧居住区再发展涉及的很多方面问题都需要政府统筹协调解决，这部分调查内容须明确拟再发展区域的行政区归属或划分，以及建设主体的工作权限。

## 4　城市旧居住区再发展方式

旧居住区再发展的更新改造受到很多因素的影响，也被当时的技术水平、经济条件所制约。根据对象旧居住区再发展的定位和要求，我们可以采取的方式有维修改善、更新、整治和改建这几种。

## 4.1 维修改善

维修改善指一些经常性的维修保护和局部的改善措施，其主要对象是旧居住区的公共区域，包括公共建筑和室外公共环境。

### 4.1.1 维修改善旧居住区公共建筑

旧住宅的公共建筑在我国是大量存在的，且很多都尚在使用中。所以在建筑主体条件还安全可靠的条件下，加以维修，改善使用功能，延长其使用寿命，是缓和住房、用地紧张的有效办法。而具体的维修和改善措施须根据对象建筑物的结构构造类型、损坏程度、使用年限、建筑周边环境以及该区域近期和远期的再发展规划分别制定。

### 4.1.2 改善旧居住区室外环境

这部分工作主要包含三个方面的内容，一是改善环境卫生，二是整顿旧居住区的道路交通，三是增设市政公共服务设施。改善环境卫生可以通过减少城市噪音污染或统一垃圾收集处等措施达成。改善道路交通的工作包括了整修路面，统筹调整道路系统，比如拓宽、封闭、改直、打通、弃用和改变道路性质等，并整顿道路的使用。增设市政公共服务设施可以根据具体情况适当增设公厕、路灯、桌椅等。

## 4.2 更新

更新的范畴是指对住宅和其他建筑中保留其外形基本不变的前提下进行内部现代化更新。这种方式一般适用于建筑结构本身质量较好或者建筑外立面造型有保留价值的建筑和地段。更新旧居住区的规划设计可以有多种方法和形式来实现，一般采用住宅单元成套改造、内填式开发、现有居住区邻里保护、功能不足邻里复兴、非居住空间转型、加入新居住邻里模块等。无论选择哪种方式来实现旧居住区的更新，都一定要重视居民原有的生活方式、行为习惯、价值观和物质现状，同时也要体现城镇整体层面对住宅类型、公共服务设施和商业服务等的统筹规划。

## 4.3 整治

旧居住区的整治规划是指对一些质量相对较好的旧居住区进行调整、充实和完善。一些建设年代较久远的居住区，受当时建设条件、经济水平和管理等方面的制约，经过一段时间的使用之后，随着国民生活水平的提高，会产生一系列不能满足人们生活要求的问题有待解决。这些问题主要体现在以下几个方面。

### 4.3.1　土地使用

旧居住区土地使用的问题主要表现为不合理且不经济。在如今的市场经济环境下，规划设计需要调整拟再发展区域的土地使用情况，提高土地的使用效益。还有些情况是旧居住区内原来的规划用地被改变了用途，甚至被破坏居住环境的建筑物或构筑物占用。对此类情况应采取相应整改措施保障居住区用地的合理使用。

### 4.3.2　公共服务设施

随着国民生活水平的提高，日常生活要求也相应提高，旧居住区常常存在公共服务设施不足的情况，影响居民的正常使用，需要补充和优化。一些旧居住区内各栋住宅建筑各自为政，分散建设，无统一规划；有些又因不能满足新的生活要求而被不同程度地弃用，比如非机动车和机动车的停放设施、老年活动中心等，需要在现有的基础上加以优化调整。

### 4.3.3　市政工程和公用设施

很多旧居住区在国民生活水平提高以后都表现出市政工程和公用设施不能满足居民生活要求的问题，比如水压不足、排水无组织、交通不畅等。也有一些旧居住区恰恰相反，其市政工程和公用设施的服务能力没有得到很好的发挥。这两种情况都需要结合现状对症下药进一步改善。

### 4.3.4　居住区管理

旧居住区往往因建设年代久远或开发模式等因素而采取了与现在居住区开发形式不同的规划结构；由于时代更迭，原来的管理模式也可能不再适应现代社会的生活要求。例如，一些旧居住区属于某企业的福利集资房，居民入住以后的很多物业管理工作都由企业内部自行承担，形成一种自给自足的状态。住房商品化之后，由于人员或企业的变迁，这些居住区就基本无人来承担物业管理等工作。所以旧居住区再发展项目中，根据其现状，优化居住区管理相关事宜，使之符合现代城市生活的要求。

## 4.4　改建

旧居住区的改建是指较大规模的改造建设或重建。这种方式工程量相对较大、投资多、时间长，且所涉及的问题更加复杂。根据改建对象的具体情况和条件，可以选择局部改建、道路沿线改建和成片集中改建等几种方式。

### 4.4.1　局部改建

局部改建是指在大部分建筑质量都还相对较好或者有保留和保护价值的居住区域，对部分建筑质量较差或破损严重的建筑进行拆除重建，或者是在符合相关规范的情况下利用旧居住区的一些空地进行插建。局部改建虽然只是对局部作改建，但其涉及的问题却常常是全局性的。例如，利用空地插建住宅虽然能增加建筑面积，但同时也提高了建筑密度，在其他公共服务设施和市政配套不变的情况下，这势必会降低该区域的居住质量。所以，在这个过程中须留足必要的公共绿地和居民室外的活动场地。还比如，拆旧建新时往往会为了增加建筑面积和容积率而提高建筑层数，在条件许可的情况下这样做有利于提高城市土地利用效益，但若拟建区域在古建筑保护区附近，新建房屋的高度就要服从整个保护区空间规划的要求。因此，在进行局部改建时必须注意以下几点：

（1）编制局部改建规划设计时，应以该地区范围的控制性详细规划为依据，明确拟改建区域的发展要求，确定相应的技术经济指标和规划建筑艺术等方面的要求。

（2）在局部拆建和插建时，有时为了就地安置拆迁户和合理利用土地，新建住宅的户型、平面功能组成、住户面积分配标准和建筑的形状等受到一定的制约，往往不能按照一般规律套用模板设计图纸，须因地制宜地做设计。

（3）要适当处理新建房屋与原有建筑在外观上的相互关系，对建筑的体量、立面造型、色彩等方面要注意新旧协调，有时还要统筹协调与周围环境的关系，尤其是在一些风景城市、历史文化名城、建筑保护区进行局部改建时，建筑的规划布置、层数、体量、色彩等应与周围的环境协调。

## 4.4.2　道路沿线改建

道路沿线改建一般是为了满足城市交通发展，例如开辟或拓宽道路，或改造市容的需要，有时两者兼有。道路沿线改建应着重考虑以下几点：

（1）应根据该道路在城市总体规划中所确定的性质、红线宽度、交通状况和道路沿线的现状，包括建筑、人防、地下管线等情况，结合居住区内部的改造要求统一规划设计。

（2）沿街建筑的项目、规模、层数、标准主要取决于该区域或整个城市的总体要求，结合考虑土地混合使用性质的要求。而建筑的规划布置手法应视道路的性质和交通的组织方式而异。比如对于城市交通干道，一般不宜过多地将商业服务和文化娱乐设施等项目沿线布置，以避免大量人流和车流出入而相互干扰。但如果将公共服务设施集中布置在道路一侧，就可以减少人车相互干扰；如果因为各种原因需在道路两侧布置，则应采用人行天桥和地下人行过道，或车行下穿道和立交桥等形式，以保证行人和车行的安全。沿街住宅的布置首先应满足住宅对日照、通风及防止交通噪声干扰等的要求。为提高用地的经济效益，可在规划布置上后退道路红线设置底层商铺等。

（3）道路沿线改建时应考虑街道宽度与两侧建筑高度的比例和沿街改建空间的组织。

（4）道路沿线改建应集中力量一次建成，如限于资金和拆迁困难等原因，可分段、成组地建设，以有利于形成完整、协调的沿街建筑群体。

（5）道路沿线改建时的区域选择在满足旧居住区再发展要求的前提下，尽可能地选择拆迁少的地段，力求影响面最小，此项工作需要作深入的调查和分析比较。

### 4.4.3 成片集中改建

成片集中改建的旧居住区一般房屋质量普遍较差，部分已无法进行维修而满足基本生活要求，或者维修成本过高。此外，一些因地震、火灾等自然或人为灾害而遭到严重破坏的居住区也可能采取这种改建方式。成片集中改建能较大程度地改变旧居住区的面貌和改善居民的生活条件，但人力物力投入较大。

## 5 城市旧居住区再发展规划中的若干问题

### 5.1 用地调整

#### 5.1.1 调整用地的必要性

由于城市旧居住区大部分是历史建设逐渐形成的，其中有部分由于种种原因而造成布局混乱、土地使用很不合理等情况。所以，在进行旧居住区的更新改造时首先要合理地调整用地性质。但是用地性质的调整常常遇到各种困难，其中最突出的是土地的使用权所有问题。若不能妥善协调土地使用权所有单位，不仅严重影响用地的合理调整，而且也不利于土地的综合利用，不利于提高城市用地的使用效益。

#### 5.1.2 用地调整的原则

（1）居住用地宜相对成片集中，以便组织居民生活和经济合理地布置公共服务设施；

（2）利用市场机制和手段合理进行用地置换；

（3）打破用地单位所有界限，综合利用城市土地，以提高土地的利用效益；

（4）有利于工厂企业等单位的生产与管理。

### 5.2 居民再安置

#### 5.2.1 居民再安置的重要性

旧居住区再发展的居民安置工作是一项十分复杂、繁重和细致的工作，这不仅是影响更新改造工程进度的关键，更重要的是涉及广大居民群众的切身利益。因此，这项工作必须按照土地使用、私房拆迁补偿等有关政策和法令认真细致地进行。首先要满足居民的合理要求，其次要对个别提出不合理要求的待安置居民作耐心说服，必要时可通过法律途径解决。

### 5.2.2 居民再安置的方式

(1) 一次搬迁。即直接安置到新建住宅，这是最理想的安置方式。但采用这种方式需要满足一些条件，比如必须有一批周转住宅房源，这在城市住房十分紧缺的情况下是比较困难的，而且如果周转房源离城市中心较远，居民往往不愿搬迁，最好能在改建地区就近解决或提供额外的补贴。在旧住区改造中也常常采用居民回迁的方式。

(2) 两次搬迁，又称临时过渡的方式。在缺乏周转房源的情况下，可采取就近搭建简易的临时周转住房，或采用市场手段，如集体租赁或提供租赁补贴自行租房等方式解决暂时安置问题，一般时间不宜太长，以免造成居民生活长期不便。

(3) 多元化方式。采取包括货币安置、住房安置等多元化方式，提供原住户居民多种途径的选择，以满足不同收入家庭的多元化需求。此方式有利于维护居民切身利益，而且在旧居住再发展的同时，再造新的社会网络，有效避免社会居住隔离现象。

## 5.3 重要历史价值住宅、地段和传统民居的保护和保留

我国城市建设历史悠久，拥有丰富的城市建筑遗产，很多具有我国地方和民族特色的民居及居住区不仅是我国城市建设和建筑文化的重要组成部分，同时在世界城市建设和建筑史上也闪耀着璀璨的光芒。因此，对这些建筑和地区的居住区再发展项目，除了要考虑其建筑和环境质量外，还要慎重衡量其保护和保留的价值。

## 5.4 城市低收入家庭的住房规划建设

### 5.4.1 市场经济体制下住房政策的特征

住房商品化政策促进了城市用地结构的调整，遵循土地市场价值规律，从而促进了城市房地产产业的迅猛发展，成为国民经济发展的重要产业。但同时，以经济效益为导向的住房商品化加剧了社会居住隔离现象。因此，我们应重视对城市低收入家庭住房的规划建设，这包括经济适用房、廉租房等的规划。在欧洲一些发达国家，政府建设主管部门会将经济适用住房 (Affordable Housing) 的供给和规划设计当作一项非常重要的工作，聘请资深设计师，对居住区的规划设计做深入的调研分析和论证。虽然国情不同，我国也有自己的一套住房供给和宏观调控办法，但他们在这项工作上的很多设计方法是可以借鉴的。

### 5.4.2 城市低收入家庭住房规划布局总体要求

我国从 2006 年 4 月 1 日起就开始施行《城市规划编制办法》，其中第

三十一条阐述有关中心城区规划应当包括内容中明确指出："研究住房需求，确定住房政策、建设标准和居住用地布局；重点确定经济适用房、普通商品住房等满足中低收入人群住房需求的居住用地布局及标准。"这是我国城市规划编制的指导总则。城市低收入家庭住房的规划布局须具体到城市，有针对性地制定政策、标准，编制规划设计，但前提一定是满足国家相关政策、法律法规以及规范办法的规定。

二维码1

　　扫描二维码1，可查看城市旧居住区再发展案例。

# 10

## 第 10 单元　养老社区

## 单元简介

随着我国老年人口的快速增加，社会对于养老社区会给予越来越多的关注，怎样的养老社区是能够满足将来我国养老模式需求的居住区是值得现阶段研究的课题。本章将就我国老年人口的特点，根据西方发达国家在这方面的前沿探索经验，讨论我国未来较为适用的养老社区模式以及其规划设计所涉及的诸多问题。

## 学习目标

通过本单元学习，应达到以下目标：

（1）了解我国老年人口以及老龄化社会的情况，明确研究养老社区规划设计的必要性；

（2）了解未来养老社区规划设计的趋势和原则，熟悉养老社区包含的各类要素。

# 1 老龄化社会

## 1.1 老龄化社会的定义和发展

我国将 60 岁以上的公民定义为老年人，而国际上将 65 岁以上的人定义为老年人。按照联合国制定的标准，如果一个地区 60 岁以上老年人口占总人口的比例达到 10%，或 65 岁以上的老年人达到总人口的 7%，即视为该地区进入了老龄化社会。我国采用的是 60 岁的标准，西方发达国家多数采用的是 65 岁的标准。

人口老龄化可以分为三个阶段，即：

老龄化阶段——65 岁以上的人口占总人口比例大于 7%；

深度老龄化阶段——65 岁以上的人口占总人口比例大于等于 14%；

超老龄化阶段——65 岁以上的人口占总人口比例大于等于 20%。

进入 21 世纪，全世界 65 岁以上的人口就达到了 6.1 亿，约占当时全世界总人口的 10%；我国在 2000 年时 60 岁以上的人口达到 1.3 亿，还超过了当时中国总人数的 10%。所以我国几乎是和世界其他国家一同进入老龄化阶段的。预计到 21 世纪中叶，全世界 60 岁以上的人口数量会突破 20 亿，占全球总人口的 21.1%。而我国到 2015 年,60 岁以上的老年人口数量就达到了 2.22亿,占我国总人口的 16.1%。预计在未来的 30 年间，还会新增 1000 万老年人口；到 2050 年，我国的老年人口比例会达到 33.6%，这是一个惊人的数据。预计到 21 世纪下半叶，中国将成为排名第二的老年人口大国。

我国老年人口基数大、发展速度快，且随着医疗技术条件的进步，国民平均寿命延长，会逐渐呈现高龄化的趋势。随着人口老龄化的发展，我国的空巢老人数量也将增加。根据《中国老龄事业发展报告（2013）》的统计，慢性病老年人口和空巢老年人口到2013年已突破1亿；无子女老年人和失独老年人开始增多。另外，农村人口老龄化的问题也日趋严重。

## 1.2　我国老龄化社会现状的特点和需求

60~70岁年龄段老人身体较硬朗，大多数可以生活自理，所以他们大部分选择不与子女同住。经济上有一定积蓄，常常帮助子女照顾孙辈，与孙辈关系较亲密。

70岁以上年龄段的老年人身体存在不同程度病患，需要他人照顾和比较频繁的医疗跟踪，以及紧急的医疗救护保障；行动缓慢，思维相对迟钝，需要陪护。

## 1.3　养老人居体系

德国在20世纪90年代就提出并修建了很多照料护理式住宅，这成为德国老年住房的主要模式，因此在德国，与家人同住的老龄人仅占老年家庭总数的25%。照料护理式住宅在硬件设施的设计上充分考虑老年人的行为特点，例如采用一些小尺度、简单合理的辅助设施和家具，以及无障碍设计和清晰安全的交通导向。其护理服务包括家政服务、医疗服务和紧急求助服务、聊天、咨询等社会服务，合理解决老年人的日常生活、健康监护等问题。

日本作为世界上人口老龄化速度最快的国家之一，到21世纪初，其60岁以上的老年人口占总人口的比例就已经达到了24%。在日本，超过九成的老年人选择在家中养老，只有极少数住在疗养院或者老人中心等养老机构中。目前，"住宅养老"（图10-1）、"机构养老"和"二代居养老"（图10-2）成为日本三种主要的养老模式。

我国传统文化是家庭养老，所以在我国90%的老年人都是通过家庭照护养老，7%的老年人通过购买社区招呼服务养老，只有3%的老年人住在养老服务机构中集中养老。随着20世纪50年代出生的一代逐渐步入老龄阶段，每个家庭的养老压力急剧增大，这是中国家庭的问题，也是一个社会问题。老

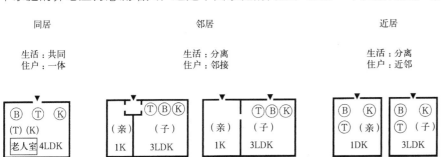

图10-1　日本三种主要的养老住宅类型

（资料来源：孙伟，王莉静. 养老社区规划与设计[M]. 南京：江苏凤凰科学技术出版社，2017:18）

图10-2 日本"二代居"模式住宅类型
(资料来源：孙伟，王莉静.养老社区规划与设计[M].南京：江苏凤凰科学技术出版社，2017:18)

"二代居"模式：同居寄宿型　　　同居分住型　　　邻居合住型　　　完全邻居型

年人不愿住在养老机构或者疗养院里集体养老，一方面源自民族淳朴的家庭观——家人就要在一起；另一方面的原因就是缺乏规划设计合理、管理科学、服务到位、交通便利、环境舒适的养老机构和养老社区。随着国民经济水平的提高和优化养老意识的普及，养老社区的打造会越来越科学和舒适，从而影响我国未来的养老模式。

# 2  养老社区相关概念

## 2.1  养老社区的概念和类型

从形式上看，老年人的养老居住主要有社区式照护老人住宅、机构式照护老人住宅和居家式照护老人住宅三种类型。其中，社区式照护老人住宅也成为"养老社区"，主要由政府或非政府组织以及其他机构共同为老年人建立，是一种集合了居住、餐饮、医疗、娱乐、文化和学习等各种功能的综合性养老社区。区别于机构式养老住宅，养老社区是一种综合的社区服务模式。

目前我国的养老社区主要分为独立型养老社区和混合型养老社区两种。独立型养老社区是专门根据老年人的生活行为特点为其提供居住建筑、公共服务设施和室外活动空间的综合性社区，其配套设施和服务都是非常完善的（图10-3）。而混合型养老社区则是在现有的社区环境中加入老年人需要的服务设施以方便老年人的生活（图10-4），这也是一种适宜老年人居住的综合性社区。养老社区可以专门供老年人居住，但如果能方便老年人与家人一同居住，将更符合我国"三代同堂"的传统养老文化。

无论怎样的形式，养老社区都须包含必要的医疗、社交、娱乐、文教等

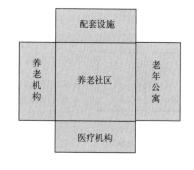 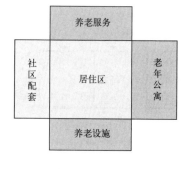

图10-3　独立式综合养老社区布局形式（左）

图10-4　混合型养老社区布局形式（右）

公共设施。其中，医疗设施包括老年病医院、老年康复中心、保健站、老年门诊等；文娱社交设施包括老年活动中心、俱乐部、老年之家等；另外还有老年大学、图书阅览室、书画室等文教设施；其他还包括老年餐厅、日间服务站等生活服务设施。这些设施必须根据老年人的生理和行为特点进行规划设计。

## 2.2 我国养老社区的现状和发展趋势

随着我国国民经济水平的提高，养老社区得到越来越多的关注，其数量发生了巨大的变化。考虑到国民生活水平的差异，各地养老社区也逐步走向差异化运营。我国目前的一些养老社区存在项目规模过大或定位过于高端的问题。近年来由于老年人口的剧增，很多开发商在城市郊外或风景区投资修建了一些大规模的养老社区。这类项目通常距城市 1 小时以上车程，大城市甚至达到 3 小时车程，非常不便于子女探望。其规划的老年人床位可达到数千张，但同时周边的配套设施不足，医疗资源和生活配套设施严重缺乏。随着我国老年人口比例的日益增长，我国养老社区的市场潜力巨大，且养老设施社区化、养老产品多样化、设施设备智能化、开发模式多样化、规划设计规范化将会成为其发展趋势。而就养老社区的项目开发和运营而言，将会着重体现以下几点：

### 2.2.1 国家扶持养老产业

2016 年 1 月，民政部发布了国家专项《社会养老服务体系建设规划（2011—2015)》，指出了我国在"十三五"期间民政部重点推动实施的重大工程，其中之一就是社会养老服务体系建设工程，重点支持老年养护院、医养结合设施、社区日间照料中心、光荣院、农村敬老院建设等项目。

### 2.2.2 对高标准养老社区的需求

我国未来庞大的老年消费群体将带来一个庞大的老年产业市场。在一些经济发达地区，已经存在一定比例中高收入的老年人对高标准老年社区的需求。"十三五"期间民政事业发展的一个指标便是每千名老年人口拥有 35~40 张养老床位，其中护理型床位比例不低于 30%。这比之前提的"十二五"养老服务体系达到每千名老年人 30.3 张养老床位增长了 15.5%~32%。值得注意的是，近年来出现了大量建成养老床位空置的现象，其主要原因是盲目追求床位数量，而没有配建相应的交通和医疗设施，不能满足大部分老年人的养老需求。这样没有高标准的养老社区既耗费了大量的资金，又没有充分发挥作用，造成了巨大的社会资源浪费。

## 2.3 运营管理和硬件设施并重

现在的老年人需要的早已不是简单的一间房供其养老了，随着国民经济水平的提高，老年人对自己晚年生活的要求也日益提高。物质上，他们对养老社区的医疗健康保障、生活配套设施、家政护理服务、网络通信系统等方面都有较高的要求；精神上，他们也要求社区是一个文化交流、接受继续教育、丰富精神生活的地方。设计师为养老社区考虑物质细节，为老年人的生活提供方便；同时，良好管理运营能使这些硬件设施充分发挥作用。优秀的项目设计让运营团队有更好的发挥空间，一个优秀的运营团队可以让养老社区长期保持活力，这两者是相辅相成的。

## 2.4　养老社区项目开发模式

### 2.4.1　医养结合模式

　　老年人的身体状况对医疗服务的依赖程度较高。医养结合模式也有几种不同的合作模式，包括引入医疗项目、开设门诊、合作医疗机构等。引入医疗项目是指养老社区作为主体引入多个第三方医疗产品，包括康复、理疗、保健等。而开设门诊是指养老社区和医疗机构合作开设康复、护理或专门的老年病科门诊服务。第三种合作医疗机构的服务更加全面，养老社区绑定一家大型综合医疗机构或城市社区卫生服务中心，医疗机构定期指派医生在社区巡诊，有需要时该医疗机构为社区老人开设就医绿色通道，为老年人就医免去复杂的手续，保证社区老人优先就医（图10-5）。

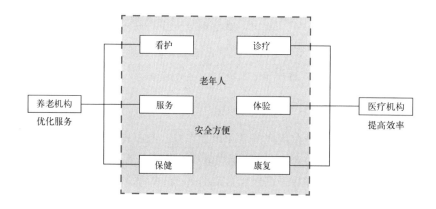

图10-5　医养结合模式

### 2.4.2　养老与旅游资源结合模式

　　目前我国低龄老年人口（60~70周岁）占比相对较高，这一年龄段的老年人身体条件还比较好，又多数为独生子女家庭，有一定的经济基础。独特的背景决定了这个群体对晚年生活质量的要求比较高，且喜爱结伴娱乐，他们是未来10~20年旅游养老市场的主力军。旅游型养老社区一般依托于风景区，主要以健康养生为主，根据其规模配建有医院和康复中心（图10-6）；社区周边一般配有会所、园林、广场，为老人锻炼和生活所用（图10-7）。这类型的养老社区不同于酒店，设置有能满足老年人不同度假要求的住房类型。

图 10-6　重庆市石柱县黄水镇重庆医科大学附属康复医院（左）

图 10-7　重庆市石柱县黄水镇度假养老居住区中（中、右）

# 3　养老社区规划设计

## 3.1　养老社区的规划设计原则

### 3.1.1　安全性原则

　　养老社区的规划设计应把安全性放在首位，包括建筑设计和景观设计等各个方面。除了要满足消防、无障碍设计等相关设计规范以外，还应根据老年人的特点，在交通、活动以及视觉等各方面做好细部设计，保障老年人生活的安全。人车分流和无障碍设计是安全性保障等重要措施。居住区内应配备监控系统和电子化设备，比如紧急呼救系统，以对居住区室内外活动范围进行 24 小时监控。同时，老年人的心理安全感也特别重要。安全感的空间感受需要各种适合老年人的设计尺度、设施设备等。

### 3.1.2　便捷性原则

　　养老社区应在其内部的交通、活动、休憩和标志系统等方面做出满足老年人身体和心理需要的设计，以保证老年人能够便捷地使用所有设施。另一方面，除了居住区内的老年人，大量的社区管理、服务人员，包括护理人员、清洁人员、管理维护人员以及老年人的家属，都是居住区环境的使用者，养老社区的设计也要为这些人员提供便捷。

### 3.1.3　舒适性原则

　　老年人由于身体原因，其活动项目是很受限的。养老社区需要从设计上控制好整体和细节的尺度，以满足老年人站姿、坐姿、卧姿各种情况下的活动需求。在尺度感满足的前提下，建筑细部所用材料和质感也会影响老年人的使用体验。

### 3.1.4　私密性与社交可能性共存原则

　　老年人由于社会角色和身体状况的改变可能会变得比较敏感，他们需要拥有独立的私密性空间。但老年人的心理健康又需要他们多与人交往、参与公共区域的活动。所以养老社区要解决好私密空间与公共社交空间共存的问题，保障老年人的行为独立性，又激励他们参与社交活动。

## 3.2 养老社区的选址、规模和规划结构

养老社区的选址主要考虑交通、配套设施、环境和区位四大因素。便利的交通、完善且足够的配套设施、宜人的环境、充分发挥作用的区位是养老社区的理想选址。其中很重要的一点是，养老社区须临近医院设置，一般在居住区附近10分钟车程内应有医院。

老年人除了在自己住所的室内活动以外，主要的活动范围还有宅间绿地、社区绿地、老年活动中心等，在这些地方活动老年人容易产生安全感和亲切感。其主要活动半径以步行不超过5分钟的距离为宜，根据老年人的行动特点，大约是180~200m。若扩大邻里活动范围，其可达性包括整个居住区范围，但都不宜超过老年人步行10分钟的距离，约450m。养老社区的规模控制非常重要，这不仅仅是资源浪费与否的问题，也是满足老年人活动的尺度问题。切忌一味追求床位数，动辄用地高达数千亩，这样不仅会为老年人和其家人带来诸多不便，还会成为管理运营的难题。

养老社区宜采用中心式布局，以住宅为中心，其他功能设施按照老年人对其依赖的程度依次向外扩散布局，其中重点应考虑医疗设施。公共服务设施在满足居住区老年人需求的前提下可以考虑与周边社区的资源共享。养老社区的空间布局应注意动静分区和主次分区。一些大型且常用的公共配套设施，例如社区活动中心、健身中心、老年大学等，可集中布置在社区入口等人流集中的地方，但一定注意与老年人居住的区域分开，避免干扰。一些可兼顾对外经营的设施项目，比如医院、药店、理疗点等可沿居住区边缘布置，方便居住区内外人员共享。

## 3.3 养老社区的服务设施

养老社区的服务设施设置须从老年人的需求入手进行设计。表10-1是从老年人需求到最后通过服务设施来实现的设计考虑。

养老社区服务设施及功能 表10-1

| 需求 | | 功能 | | 设施 |
|---|---|---|---|---|
| 养老居住 | | 安全无障碍生活 | | 自理型养老住宅<br>介助型老年住宅 |
| 医疗护理 | ➡ | 医疗，康复护理，应急处理 | ➡ | 社区卫生服务中心<br>卫生站<br>护理院 |
| 生活服务 | | 家政服务，购物，生活服务 | | 老年服务中心<br>公共餐厅<br>社区商业中心<br>便利店 |

| 需求 | | 功能 | | 设施 |
|------|------|------|------|------|
| 生活服务 | | 家政服务，购物，生活服务 | | 市政公共设施<br>理发店 |
| 休闲娱乐 | | 健身空间，交流场所 | | 老年活动中心<br>健身设施<br>公共绿地 |
| 文化交流 | | 自我提升，丰富精神生活 | | 老年学校<br>图书馆 |
| 发挥余热 | | 生活寄托，贡献社会 | | 老年志愿中心<br>老年再就业中心 |

资料来源：孙伟，王莉静.养老社区规划与设计[M]. 南京：江苏凤凰科学技术出版社，2017：47）

扫描二维码 2，可查看养老社区案例。

二维码 2

# 参考文献

[1] 同济大学建筑城规学院. 城市规划资料集——第七分册城市居住区规划（第一版）[M]. 北京：中国建筑工业出版社，2005.

[2] 李德华. 城市规划原理（第三版）[M]. 北京：中国建筑工业出版社，2001.

[3] 胡纹. 居住区规划原理与设计方法 [M]. 北京：中国建筑工业出版社，2007.

[4] 王炜. 居住区规划设计（第一版）[M]. 北京：中国建筑工业出版社，2016.

[5] Franz Schulze, Kevin Harrington, etal. Chicago's Famous Buildings[M]. Chicago & London：The University of Chicago Press, 1993.

[6] Forum. That Small Town Feeling[J]. The Magazine of the Florida Humanities Council, 2017, 20 (1).

[7] 张捷，赵民. 新城规划的理论与实践——田园城市思想的世纪演绎 [M]. 北京：中国建筑工业出版社，2005.

[8] 朱家瑾. 居住区规划设计 [M]. 北京：中国建筑工业出版社，2007.

[9] 赵健彬. 《住宅设计规范》图解 [M]. 北京：机械工业出版社，2013.

[10] 周燕珉. 住宅精细化设计 [M]. 北京：中国建筑工业出版社，2008.

[11] 张燕. 居住区规划设计 [M]. 北京：北京大学出版社，2012.

[12] 陈有川. 《城市居住区规划设计规范》图解 [M]. 北京：机械工业出版社，2015.

[13] 李益，潘娟，赵月苑. 居住区规划设计 [M]. 成都：西南交通大学出版社，2018.

[14] 孙伟，王莉静. 养老社区规划与设计 [M]. 江苏：江苏凤凰科学技术出版社，2017.